Mathematisch-Physikalische Bibliothek

Gemeinverständliche Darstellungen aus der Mathematik u. Physik. Unter Mitwirkung von Fachgenossen hrsg. von

Dr. W. Lietzmann und **Dr. A. Witting**
Direktor der Oberrealschule zu Göttingen   Oberstudienr., Gymnasialpr.i.Dresden

Fast alle Bändchen enthalten zahlreiche Figuren. kl. 8. Kart. je M. 5.—

Die Sammlung bezweckt, allen denen, die Interesse an den mathematisch-physikalischen Wissenschaften haben, es in angenehmer Form zu ermöglichen, sich über das gemeinhin in den Schulen Gebotene hinaus zu belehren. Die Bändchen geben also teils eine Vertiefung solcher elementarer Probleme, die allgemeinere kulturelle Bedeutung oder besonderes wissenschaftliches Gewicht haben, teils sollen sie Dinge behandeln, die den Leser, ohne zu große Anforderungen an seine Kenntnisse zu stellen, in neue Gebiete der Mathematik und Physik einführen.

Bisher sind erschienen (1912/21)

Der Begriff der Zahl in seiner logischen und historischen Entwicklung. Von H. Wieleitner. 2., durchgeseh. Aufl. (Bd. 2.)

Ziffern und Ziffernsysteme. Von E. Löffler. 2., neubearb. Aufl. I: Die Zahlzeichen der alten Kulturvölker. (Bd. 1.) II: Die Z. im Mittelalter und in der Neuzeit. (Bd 34)

Die 7 Rechnungsarten mit allgemeinen Zahlen. Von H. Wieleitner. 2. Aufl. (Bd. 7.)

Einführung in die Infinitesimalrechnung. Von A. Witting. 2. Aufl. I: Die Differential-, II: Die Integralrechnung. (Bd. 9 u. 41)

Wahrscheinlichkeitsrechnung. V. O. Meißner. 2. Auflage I: Grundlehren. (Bd. 4.) II: Anwendungen. (Bd. 33.)

Vom periodischen Dezimalbruch zur Zahlentheorie. Von A. Leman. (Bd. 19.)

Der pythagoreische Lehrsatz mit einem Ausblick auf das Fermatsche Problem. Von W. Lietzmann. 2. Aufl. (Bd. 3.)

Darstellende Geometrie d. Geländes u. verw. Anwend. d. Method. d. kotiert. Projektionen. Von R. Rothe 2, verb. Aufl. (Bd. 35/36.)

Methoden zur Lösung geometrischer Aufgaben Von B. Kerst. (Bd. 26.)

Einführung in die projektive Geometrie. Von M. Zacharias. (Bd. 6.)

Konstruktionen in begrenzter Ebene. Von P. Zühlke. (Bd. 11.)

Nichteuklidische Geometrie in der Kugelebene. Von W. Dieck. (Bd. 31.)

Einführung in die Trigonometrie. Von A. Witting (Bd. 43)

Einführung i. d. Nomographie. V. P Luckey. I. Die Funktionsleiter (28.) II. Die Zeichnung als Rechenmaschine. (37.)

AbgekürzteRechnung nebst einer Einführ. i. d. Rechnung m. Funktionstaf. insb. i. d. Rechng. mit Logarithmen. Von A. Witting. (Bd.42.)

Theorie und Praxis des logarithm. Rechenschiebers. Von A. Rohrberg. 2. Aufl. (Bd. 23.)

Die Anfertigung mathemat. Modelle. (Für Schüler mittl. Kl.) Von K. Giebel. (Bd. 16.)

Karte und Kroki. Von H. Wolff. (Bd. 27.)

Die Grundlagen unserer Zeitrechnung. Von A. Baruch. (Bd. 29.)

Die mathemat. Grundlagen d. Variations- u. Vererbungslehre. Von P. Riebesell. (24.)

Mathematik und Malerei. 2 Teile in 1 Bande. Von G. Wolff. (Bd. 20/21.)

Der Goldene Schnitt. Von H. E. Timerding. (Bd. 32.)

Beispiele zur Geschichte der Mathematik. Von A. Witting und M. Gebhard. (Bd. 15.)

Mathematiker-Anekdoten. Von W. Ahrens. 2 Aufl. (Bd. 18.)

Die Quadratur d. Kreises. Von E. Beutel 2. Aufl. (Bd 12.)

Wo steckt der Fehler? Von W. Lietzmann und V. Trier. 2. Aufl. (Bd. 10.)

Geheimnisse der Rechenkünstler. Von Ph. Maennchen. 2. Aufl. (Bd. 13.)

Riesen und Zwerge im Zahlenreiche. Von W. Lietzmann. 2. Aufl. (Bd. 25.)

Was ist Geld? Von W. Lietzmann. (Bd. 30.)

Die Fallgesetze. Von H. E. Timerding. 2. Aufl. (Bd. 5.)

Ionentheorie. Von P. Bräuer. (Bd. 38.)

Das Relativitätsprinzip. Leichtfaßlich entwickelt von A. Angersbach. (Bd. 39.)

Dreht sich die Erde? Von W. Brunner. (17.)

Theorie der Planetenbewegung. Von P. Meth. 2., umg. Aufl. (Bd. 8.)

Beobachtung d. Himmels mit einfach. Instrumenten. Von Fr. Rusch. 2. Aufl. (Bd 14.)

Mathem. Streifzüge durch die Geschichte der Astronomie. Von P. Kirchberger. (Bd. 40.)

In Vorbereitung: Doehlemann, Mathem. u. Architektur. Schips, Mathem. u. Biologie. Winkelmann, Der Kreisel. Wolff, Feldmessen u. Höhenmessen.

Verlag von B. G. Teubner in Leipzig und Berlin

Preisänderung vorbehalten

Das Bild auf dem Titel stellt Johannes Müller aus Königsberg in Franken, John Regiomontanus genannt, dar. Er lebte vom 6. Juni 1436 bis 6. Juli 1476. Man verdankt ihm eine erhebliche Förderung der Trigonometrie.

MATHEMATISCH-PHYSIKALISCHE BIBLIOTHEK

HERAUSGEGEBEN VON **W. LIETZMANN** UND **A. WITTING**

═══════════ 43 ═══════════

EINFÜHRUNG IN DIE TRIGONOMETRIE

EINE ELEMENTARE DARSTELLUNG OHNE LOGARITHMEN

MIT 26 FIGUREN UND ZAHLREICHEN AUFGABEN

VON

Prof. Dr. ALEXANDER WITTING

OBERSTUDIENRAT AM GYMNASIUM Z. HEIL. KREUZ ZU DRESDEN

1921

SPRINGER FACHMEDIEN WIESBADEN GMBH

INHALT

	Seite
Vorwort	III.
Vorbemerkungen	1

I. DER SINUS

§ 1. Das gleichschenklige Dreieck	2
§ 2. Das rechtwinklige Dreieck. Der Sinus	4
§ 3. Die Sinustafel	8
§ 4. Einschaltung	9
§ 5. Berechnung des Winkels aus dem Sinus	12

II. ANWENDUNGEN DES SINUS

§ 6. Das rechtwinklige Dreieck	13
§ 7. Das beliebige Dreieck	17
§ 8. Der Sinus eines stumpfen Winkels	19
§ 9. Der Sinussatz	20
§ 10. Eine Seite und zwei Winkel	21
§ 11. Zwei Seiten und ein Gegenwinkel	23
§ 12. Der Umkreis	26

III. DER KOSINUS

§ 13. Das rechtwinklige Dreieck	28
§ 14. Die Kosinustafel und deren Verwendung	30
§ 15. Die Beziehung zwischen Sinus und Kosinus eines Winkels	31
§ 16. Das beliebige Dreieck. Der Kosinus stumpfer Winkel	32
§ 17. Der Kosinussatz	34
§ 18. Zwei Seiten und der eingeschlossene Winkel	36
§ 19. Die drei Seiten	39

IV. TANGENS UND KOTANGENS

§ 20. Die Definitionen	40
§ 21. Die Tangenstafel	42
§ 22. Anwendungen	44
Anhang: Zwei Tafeln	47

VORBEMERKUNGEN

1. In der Geometrie ist es üblich, eine Strecke außer durch ihre beiden Endpunkte (große lateinische Buchstaben, z. B. AB) mit einem kleinen lateinischen Buchstaben zu bezeichnen, z. B. a. Dieser Buchstabe hat eine doppelte Bedeutung; erstens ist a der Name, die Bezeichnung der Strecke, zweitens aber versteht man nach den Grundregeln der *allgemeinen Arithmetik* [1]) unter a auch die Maßzahl der Strecke. Zeichne ich ein Rechteck mit den beiden Seiten a und b, so ist sein Flächeninhalt ab, d. h. wenn die Seiten mit derselben Einheit (z. B. cm) gemessen die Maßzahlen a und b haben, so hat der Flächeninhalt des Rechtecks $a \cdot b$ Flächeneinheiten, z. B. Quadratzentimeter $=$ qcm $=$ cm². Das Quadrat mit der Seite a hat die Fläche a^2 usw.
2. Winkel werden mit kleinen griechischen Buchstaben α, β, γ, ... bezeichnet, die ebenfalls nicht nur die Namen der Winkel, sondern auch ihre z. B. in Grad ausgedrückten Maßzahlen bedeuten.
3. Im Dreieck ist die Summe der drei Winkel gleich zwei rechten Winkeln: $\alpha + \beta + \gamma = 180^0$.
4. Ein Dreieck kann höchstens einen rechten oder einen stumpfen Winkel haben, mindestens zwei Winkel müssen spitz sein.
5. In einem rechtwinkligen Dreieck ist die Summe der beiden spitzen Winkel gleich einem Rechten, d. h. wenn $\gamma = 90^0$, so ist $\alpha + \beta = 90^0$. Man nennt zwei Winkel, die sich zu 90^0 ergänzen, wie hier α und β, *komplementär*.
6. *Supplementär* heißen zwei Winkel, deren Summe ein gestreckter Winkel (180^0) ist.
7. Die grundsätzliche Bezeichnung der Ecken, Seiten und Winkel eines Dreiecks ist A, B, C für die Ecken, ihnen gegenüberliegend die Seiten $BC = a$, $CA = b$, $AB = c$ und an den Ecken die Winkel $\alpha = \measuredangle A$, $\beta = \measuredangle B$, $\gamma = \measuredangle C$. Es sind dann a und α, b und β, c und γ gegenüberliegende Stücke.
8. Um jedes Dreieck ABC läßt sich ein Kreis beschreiben, dessen Radius r heißt. Die Winkel α, β, γ des Dreiecks sind *Umfangswinkel* dieses Kreises über den *Sehnen* a, b, c.
9. Auf einem Bogen eines Kreises stehen ein Mittelpunktswinkel und unzählig viele Umfangswinkel; diese Umfangswinkel sind alle einander gleich und zwar halb so groß wie der zugehörige Mittelpunktswinkel.
10. Ist der Mittelpunktswinkel ein gestreckter Winkel, die zugehörige Sehne demnach ein Durchmesser des Kreises, so ist der Umfangswinkel ein Rechter, oder anders ausgedrückt: der Umfangswinkel im Halbkreis ist ein Rechter.

---

[1]) Die *allgemeine Arithmetik* wird häufig fälschlicherweise *Algebra* genannt.

ISBN 978-3-663-15468-6   ISBN 978-3-663-16039-7 (eBook)
DOI 10.1007/978-3-663-16039-7
SCHUTZFORMEL FÜR DIE VEREINIGTEN STAATEN VON AMERIKA:
COPYRIGHT 1921 BY SPRINGER FACHMEDIEN WIESBADEN
URSPRÜNGLICH ERSCHIENEN BEI B. G. TEUBNER IN LEIPZIG 1921.

ALLE RECHTE,
EINSCHLIESSLICH DES ÜBERSETZUNGSRECHTS, VORBEHALTEN.

VORWORT

Im vorliegenden Bändchen sind langjährige Unterrichtserfahrungen, vor allem aber Erfahrungen aus dem Felde mit benutzt worden. Verfasser hat sich während des Krieges davon überzeugt, daß man Trigonometrie vielfach mit ausreichendem praktischen Erfolge ohne Logarithmen verwenden kann und daß dazu zweistellige Tafeln meist genügen, mindestens aber zu *Überschlagsrechnungen* dienen können. Das Bändchen stellt nur sehr geringe Anforderungen an die Vorbildung des Lesers und geht so behutsam und gründlich vor, daß die Kenntnisse eines geweckten Volksschülers genügen dürften. Daher glaubt der Verfasser, daß der hier eingeschlagene Weg zum Selbstunterricht, ferner aber auch für allerhand Fachschulen gangbar sein wird.

Wenn man sich einmal überlegt, wie klein ein Winkel von einem Grad ist, und wenn man sich von den Anforderungen an Genauigkeit, wie sie für einen Geodäten oder Astronomen nötig sind, freimacht, so wird man wohl nicht umhin können, dem Verfasser zuzustimmen. Möchte der Erfolg des Bändchens die Mühe lohnen.

Pfingsten 1921.

A. Witting.

11. Schneidet man die Schenkel des Winkels α mit Scheitel A durch die Parallelen BC, $B'C'$, $B''C''$,... so entstehen die ähnlichen Dreiecke

$$ABC \sim AB'C' \sim AB''C'' \sim \ldots,$$

die in den Winkeln übereinstimmen und deren Seiten einander proportional sind:

$$AB : BC : CA = AB' : B'C' : C'A = AB'' : B''C'' : C''A = \ldots$$

Auch ist $\dfrac{AB}{AB'} = \dfrac{BC}{B'C'} = \dfrac{CA}{C'A}$, $\dfrac{AB}{AB''} = \dfrac{BC}{B''C''} = \dfrac{CA}{C''A}$ usw.

12. Im rechtwinkligen Dreieck bestehen zwischen den Katheten a, b, der Hypotenuse c, der Höhe h auf der Hypotenuse und den Hypotenusenabschnitten p, q die Gleichungen

$$a^2 + b^2 = c^2 \; ; \; a^2 = pc \, , \, b^2 = qc \; ; \; h^2 = pq,$$

die man *Pythagoreischen Satz*[1]), *Kathetensatz* und *Höhensatz* nennt.

13. Im Quadrat mit der Seite a ist die Diagonale $d = a\sqrt{2}$.

14. Im gleichseitigen Dreieck mit der Seite a ist die Höhe $h = \dfrac{a}{2}\sqrt{3}$.

$$\left[\begin{array}{l} \sqrt{2} = 1{,}4142\ldots \approx \dfrac{17}{12} \left(\text{weniger genau} \approx \dfrac{7}{5}\right) \\ \sqrt{3} = 1{,}7321\ldots \approx \dfrac{26}{15} \left(\quad \cdots \quad \approx \dfrac{7}{4}\right) \end{array} \right] \begin{array}{l} \text{Das Zeichen} \approx \\ \text{bedeutet } \textit{an-} \\ \textit{genähert gleich} \end{array}$$

DAS KLEINE GRIECHISCHE ALPHABET

α = a,	alpha	ι = i,	iōta	ρ = r,	rho
β = b,	bēta	κ = k,	kappa	σ = s,	sigma
γ = g,	gamma	λ = l,	lambda	τ = t,	tau
δ = d,	delta	μ = m,	my	υ = y,	ypsilon
ε = ĕ,	ĕpsilon	ν = n,	ny	φ = ph,	phi
ζ = z,	zēta	ξ = x,	xi	χ = ch,	chi
η = ē,	ēta	ο = ŏ,	ŏmĭkron	ψ = ps,	psi
θ = th,	thēta	π = p,	pi	ω = ō,	ōmĕga

I. DER SINUS

§ 1. Das gleichschenklige Dreieck. In der Planimetrie lernt man sehr früh als Grundkonstruktion, wie man einen gegebenen Winkel in einem Punkte an eine gegebene Gerade anträgt. Soll der Winkel α (Fig. 1), dessen Scheitel P

---

[1]) Wir werden im folgenden meist P. L. für Pythagoreischen Lehrsatz schreiben.

§ 1. Das gleichschenklige Dreieck

heiße, im Punkte A an die Gerade g angetragen werden, so schlägt man mit einer beliebigen Zirkelöffnung um P einen Kreisbogen, der die Schenkel von α in Q und R schneiden möge. Nun schlägt man mit derselben Zirkelöffnung um A einen Bogen, der die gegebene Gerade g in B trifft. Jetzt mißt man mit dem Zirkel die Entfernung der Punkte Q und R, indem man in Q die eine Zirkelspitze einsetzt und die Zirkelöffnung solange verändert, bis die andere Spitze auf R trifft.

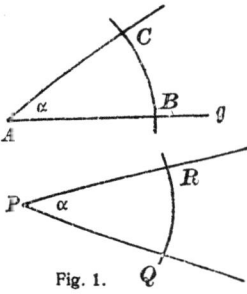

Fig. 1.

Endlich schlägt man mit dieser letzten Zirkelöffnung um B einen Kreisbogen, der den ersten in einem Punkte schneidet, der C heißen möge. Verbindet man A mit C, so ist der Winkel $BAC = \alpha$. Der Beweis ist sehr einfach; er kann entweder auf grundlegende Eigenschaften des Kreises gestützt oder auch dadurch geführt werden, daß man sich die Geraden QR und BC gezogen denkt. Dann stimmen die beiden Dreiecke PQR und ABC in den drei Seiten überein, sind also kongruent; folglich sind auch die einander entsprechenden Winkel bei P und A einander gleich.

Einen Umstand bei dieser Konstruktion müssen wir aber doch noch besonders hervorheben und klären; wir wissen, daß es auf die Zirkelöffnung bei dem Kreisbogen um P nicht ankommt — woher wissen wir das, warum ist das so?

Schlagen wir um P in Fig. 2 mit verschiedenen Radien mehrere Kreisbögen, die die Schenkel in $Q, R; Q', R'; Q'', R''$ schneiden mögen, und verbinden diese Punkte, so entstehen die Kreissehnen $QR, Q'R', Q''R''$. Die Dreiecke $PQR, PQ'R', PQ''R''$ sind offenbar gleichschenklig. Da die Winkel an der Grundlinie eines gleichschenkligen Dreiecks einander gleich sind und jeder von ihnen den halben Winkel an der Spitze zu 90^0 ergänzt, also hier gleich $90^0 - \frac{1}{2}\alpha$ ist, so sind 1.) die Dreieckswinkel bei Q, Q', Q'', R, R', R'' alle untereinander gleich und 2.) sind die Sehnen einander parallel:

Fig. 2.

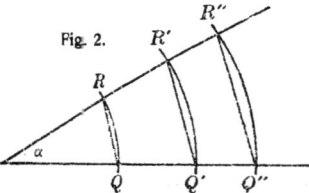

$QR \parallel Q'R' \parallel Q''R''$. Die Dreiecke $PQR, PQ'R', PQ''R''$ sind demnach einander ähnlich, die Seiten des einen stehen in denselben Verhältnissen wie die Seiten der beiden anderen, und jetzt verstehen wir, warum der Radius des um P geschlagenen Kreisbogens bei dem Abtragen des Winkels beliebig genommen werden kann! Es entstehen, wenn man die Konstruktionen mit verschiedenen Radien nacheinander ausführt, ähnliche Dreiecke mit denselben Seitenverhältnissen, und daher kommt immer derselbe Winkel α heraus.

Wir lernen hieraus, daß für die Größe eines Winkels maßgebend ist das Verhältnis der Grundlinie zum Schenkel in einem gleichschenkligen Dreieck, das irgend ein um den Scheitel geschlagenen Kreis von dem Winkel abschneidet. In unserem Beispiel ist ja eben

$$\frac{QR}{PQ} = \frac{Q'R'}{PQ'} = \frac{Q''R''}{PQ''},$$

und dieses Verhältnis ist charakteristisch für den Winkel α. Man sieht sofort ein, daß bei Vergrößerung des Winkels dies Verhältnis größer wird, bei Verkleinerung des Winkels dagegen kleiner. Man könnte es also für alle Winkel durch Ausmessung der Strecken QR und PQ und Division der Maßzahlen durcheinander berechnen und bekäme dann Zahlen, durch welche die Winkel ebenso sicher bestimmt wären, wie durch die sonst übliche Messung nach Graden, Minuten und Sekunden.[1]

Es hat sich aber im Verlaufe der Entwicklung der Mathematik gezeigt, daß diese Art der Bestimmung nicht ganz zweckmäßig zur Rechnung verwendbar ist. So bequem das Abschneiden ähnlicher gleichschenkliger Dreiecke von einem gegebenen Winkel für die konstruktive Übertragung des Winkels ist, für die Rechnung ist eine andere Art von Dreiecken besser geeignet.

§ 2. Das rechtwinklige Dreieck. Der Sinus. Fällen wir von den Punkten $B, B', B'', B'''\ldots$ eines Schenkels Lote auf den anderen Schenkel (Fig. 3) eines Winkels α mit Scheitel A, so entstehen die ähnlichen rechtwinkligen Dreiecke

---

[1] Derartige „Sehnentafeln" finden wir z. B. bei den bedeutenden griechischen Mathematikern und Astronomen Hipparch (150 v. Chr.) und Ptolemaeus (140 n. Chr.).

§ 2. Das rechtwinklige Dreieck. Der Sinus

$$ABC \sim AB'C' \sim AB''C'' \sim AB'''C''' \sim \ldots$$

Irgend zwei Seiten *eines* Dreiecks haben dasselbe Verhältnis wie die *entsprechenden* Seiten eines anderen dieser Dreiecke; es ist z. B.

$$BC:AB = B'C':AB' = B''C'':AB'' = B'''C''':AB''' = \ldots$$

Offenbar ist auch durch dieses Verhältnis der Winkel α eindeutig bestimmt, nur muß man hier eine wesentliche Einschränkung gegenüber den früheren Überlegungen machen: Die Sache geht so nur dann, *wenn α ein spitzer Winkel ist*.

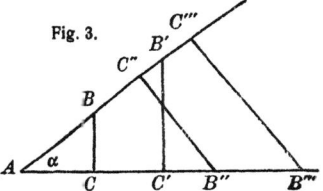

Fig. 3.

Diese Einschränkung wollen wir zunächst immer festhalten, wir werden es also zunächst nur mit spitzen Winkel zu tun haben.

Bezeichnen wir den Winkel bei A mit α, so ist BC ebenso wie $B'C', B''C''\ldots$ die diesem Winkel α gegenüberliegende Kathete und AB ist ebenso wie $AB', AB''\ldots$ die Hypotenuse in dem betreffenden von α abgeschnittenen rechtwinkligen Dreieck. Das Verhältnis, das wir soeben als den Winkel bestimmend angesetzt haben, ist also der Quotient aus der Gegenkathete und der Hypotenuse. Für dies Verhältnis hat man den Namen **Sinus** des Winkels eingeführt[1]) — geschrieben **sin** α. Es ist also hier

$$\sin \alpha = \frac{BC}{AB} = \frac{B'C'}{AB'} = \frac{B''C''}{AB''} = \cdots$$

oder in Worten:

I. Der Sinus eines spitzen Winkels ist das Verhältnis (der Quotient) der Gegenkathete zur Hypotenuse in einem beliebig von dem Winkel abgeschnittenen rechtwinkligen Dreieck.

Aufgabe 1. Trage an g in A einen spitzen Winkel an, dessen Sinus $\frac{1}{2}$ ist (Fig. 4).

Auflösung: Wenn $\sin \alpha = \frac{1}{2}$ sein soll, so muß in einem beliebig von dem Winkel α abgeschnittenen rechtwinkligen Dreieck ABC der Quotient

---
[1]) Die Einführung des Sinus statt der ptolemaeischen Sehnen dankt man den Indern.

$\frac{BC}{AB} = \frac{1}{2}$, also $BC = \frac{1}{2} AB$ oder $AB = 2 BC$

sein. Ich errichte also in einem beliebigen Punkte von g ein Lot von beliebiger Länge, das ich etwa a nenne, und

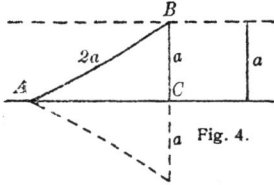

Fig. 4.

ziehe durch den Endpunkt des Lotes eine Parallele zu der Geraden g. Dann nehme ich die doppelt so große Strecke $2a$ in den Zirkel, setze in dem gegebenen Punkte A der Geraden ein und schlage einen Kreisbogen, der die Parallele in B schneidet.

Fälle ich nun von B das Lot BC auf die Gerade und verbinde B mit A, so erhalte ich das rechtwinklige Dreieck ABC, in dem $AB = 2BC = 2a$, also $BC : AB = \frac{1}{2}$ ist. Der Winkel $\alpha = CAB$ ist demnach der verlangte Winkel, denn es ist $\sin \alpha = \frac{1}{2}$.

Spiegelt man das Dreieck an AC, so erhält man offenbar ein gleichseitiges Dreieck, dessen Winkel je 60^0 betragen. Es ist demnach $\alpha = 30^0$, und wir erhalten mithin $\sin 30^0 = \frac{1}{2}$.

Aufgabe 2. Gegeben sind zwei Strecken m und n, es soll ein spitzer Winkel α konstruiert werden, dessen Sinus den Wert $m : n$ hat (Fig. 5).

Auflösung: Zunächst sehen wir ein, daß die Aufgabe nur dann lösbar ist, wenn die Strecke m kleiner ist als n (in Zeichen $m < n$), denn eine Kathete eines rechtwinkligen Dreiecks ist immer kleiner als die Hypotenuse, aus der Definition des Sinus folgt daher der Satz:

II. Der Sinus eines spitzen Winkels ist immer eine positive Zahl, kleiner als 1; der Sinus wächst mit dem Winkel.

Ich zeichne einen rechten Winkel mit Scheitel C, trage auf dem einen Schenkel $CB = m$ ab und schlage mit Radius

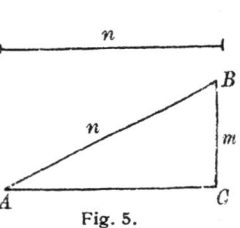

Fig. 5.

n einen Kreisbogen um B, der den anderen Schenkel des rechten Winkels in A trifft. CAB ist der gesuchte Winkel.

Aufgabe 3. Zeichne einen Winkel α, so daß $\sin \alpha = 0{,}35$ wird.

§ 2. Das rechtwinklige Dreieck. Der Sinus

Auflösung: Ich verwandle 0,35 in einen Bruch, genauer: in das Verhältnis zweier Strecken, etwa $0{,}35 = 3{,}5\,\mathrm{cm} : 10\,\mathrm{cm}$ oder 7 cm : 20 cm und verfahre sodann nach Aufgabe 2.

Aufgabe 4. Zeichne einen Winkel α, dessen Sinus $\tfrac{2}{3}$ ist.

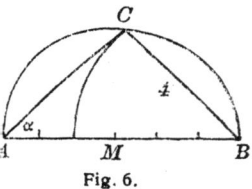

Fig. 6.

Auflösung: Statt mit dem rechten Winkel anzufangen, kann man das Dreieck auch auf der Hypotenuse aufbauen. Wir nehmen 4 : 6 statt 2 : 3 (um nicht halbieren zu müssen), schlagen mit 3 cm Radius um einen Punkt M einer Geraden einen Halbkreis, der die Gerade in A und B schneidet, und um B mit Radius 4 cm einen Kreisbogen, der den Kreis in C trifft. Verbindet man die Punkte, so entsteht bei C als Winkel im Halbkreis ein Rechter und bei A liegt der gesuchte Winkel α (Fig. 6 ist verkleinert).

Aufgabe 5. Zeichne ein gleichschenklig-rechtwinkliges Dreieck mit 12 cm Kathetenlänge und ermittle daraus sin 45°.

Auflösung: Ich messe nach Ausführung der Zeichnung die Hypotenuse und finde nahezu 17 cm. Also wäre $\sin 45° \approx 12:17$. Tatsächlich ist die Hypotenuse nach dem Pythagoreischen Lehrsatz $12\sqrt{2}$, also ist der genaue Wert des Sinus $12 : 12\sqrt{2} = 1 : \sqrt{2} = \tfrac{1}{2}\sqrt{2} \approx 0{,}707$,

$$\sin 45° = \tfrac{1}{2}\sqrt{2}.$$

Aufgabe 6. Zeichne ein gleichseitiges Dreieck mit 15 cm Seitenlänge und bestimme daraus sin 60°.

Auflösung: Um nach Zeichnung des gleichseitigen Dreiecks den Winkel von 60° in einem rechtwinkligen Dreieck zu haben, fälle ich eine Höhe. Dann ist diese Höhe die Gegenkathete eines 60°—Winkels, und eine Seite des ursprünglichen Dreiecks ist Hypotenuse. Die Messung der Höhe liefert angenähert 13 cm, also ist $\sin 60° \approx 13 : 15$. Der genaue Wert ergibt sich, wenn man nach dem Pythagoreischen Lehrsatz die Höhe h des gleichseitigen Dreiecks aus der Seite a berechnet, $h = \tfrac{1}{2} a\sqrt{3}$; man erhält dann

$$\sin 60° = \tfrac{1}{2} a\sqrt{3} : a = \tfrac{1}{2}\sqrt{3} \approx 0{,}866,$$

$$\sin 60° = \tfrac{1}{2}\sqrt{3}.$$

Aufgabe 7. Zeichne einen beliebigen spitzen Winkel und bestimme seinen Sinus.

Auflösung: Trage auf dem einen Schenkel vom Scheitel A aus etwa eine Strecke $AB = 10$ cm auf, fälle von B das Lot BC auf den anderen Schenkel und miß dessen Länge in cm; der zehnte Teil dieser Zahl ist dann der gesuchte Sinus. Hat man z. B. $BC = 7{,}3$ cm gemessen, so ist $\sin \alpha = 7{,}3$ cm $: 10$ cm $= 0{,}73$.

Weitere Aufgaben: Zeichne den Winkel, dessen Sinus
a) $0{,}165$; b) $0{,}64$; c) $0{,}125$; d) $\frac{1}{4}$; e) $\frac{10}{11}$; f) $\frac{3}{8}$ ist.

§ 3. Die Sinustafel. Wenn der Leser das Bisherige völlig durchgearbeitet und sich zu eigen gemacht hat, so wird er wohl eine Lücke empfinden und diese gerne ausfüllen wollen. Wir können zu einem gezeichneten spitzen Winkel den Sinus berechnen, wir können auch zu einem gegebenen Sinus den zugehörigen spitzen Winkel zeichnen, aber wir können außer in den besonderen Fällen 30^0, 45^0, 60^0 nicht ohne Zuhilfenahme eines Winkelmessers vom Sinus zum Gradmaß übergehen und nicht umgekehrt unmittelbar angeben, wieviel Grad ein Winkel hat, dessen Sinus uns gegeben ist. Diese Lücke gilt es jetzt auszufüllen. Gleich von vornherein sei es gesagt, daß sich diese Aufgabe für uns nur mit einer sehr beschränkten Genauigkeit erledigen läßt, die allerdings für viele praktische Zwecke genügt.

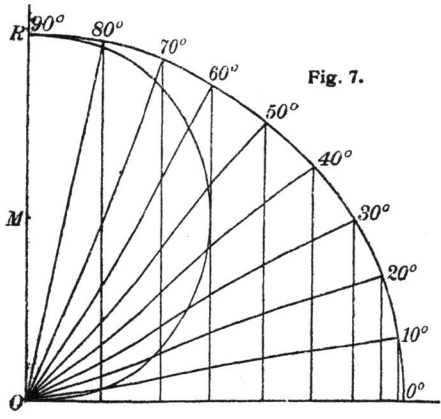

Fig. 7.

Wir verfahren am einfachsten so, daß wir einen Viertelkreis mit 10 cm Radius ziehen (Fig. 7 ist verkleinert), diesen Viertelkreis durch Abtragen des Radius als Sehne von beiden Endpunkten in drei gleiche Teile zerlegen, wodurch wir 30^0 und 60^0 erhalten und nun diese Teile durch Probieren dritteln. Verbindet man die Teilpunkte mit dem Kreismittelpunkt, so hat

§ 4. Einschaltung

man die Winkel von 10^0, 20^0, $30^0 \ldots 90^0$, also von 10 zu 10 Grad. Jetzt fällen wir die Lote von den Teilpunkten auf den wagerechten Schenkel des rechten Winkels, messen ihre Längen und teilen diese Maßzahlen durch 10. Führt man dies so sorgfältig wie möglich aus, so erhält man die nebenstehende Tafel.

Grad	Sinus
0	0,00
10	0,17
20	0,34
30	0,50
40	0,64
50	0,77
60	0,87
70	0,94
80	0,98
90	1,00

Hierbei sind die erste und letzte Zeile noch zu erklären. Man sieht leicht ein: wenn man den Winkel immer kleiner werden läßt, so wird auch das Lot immer kleiner, so daß man schließlich befugt ist $\sin 0^0 = 0$ zu setzen. Läßt man aber den Winkel immer größer werden, so daß er sich immer weniger von 90^0 unterscheidet, so wird das Lot auch immer größer und unterscheidet sich immer weniger von dem Radius von 10 cm, der Quotient nähert sich also immer mehr dem Werte 1, und daraus entnehmen wir die Berechtigung $\sin 90^0 = 1$ zu setzen. Schlägt man (Fig. 8) um den Mittelpunkt M von OR einen Halbkreis mit Radius $MO = MR$, zieht einen Radius OP, das Lot PQ und verbindet R mit dem Schnittpunkt S von OP mit dem Halbkreis, so ist ORS ein rechtwinkliges Dreieck, das bei R den Winkel $\alpha = \sphericalangle QOP$ hat, denn der Winkel $POR = \beta$ ist das Komplement von $\sphericalangle QOP$ und von $\sphericalangle ORS$. Daher sind die beiden Dreiecke OPQ und ROS kongruent, und es ist $OS = PQ$.

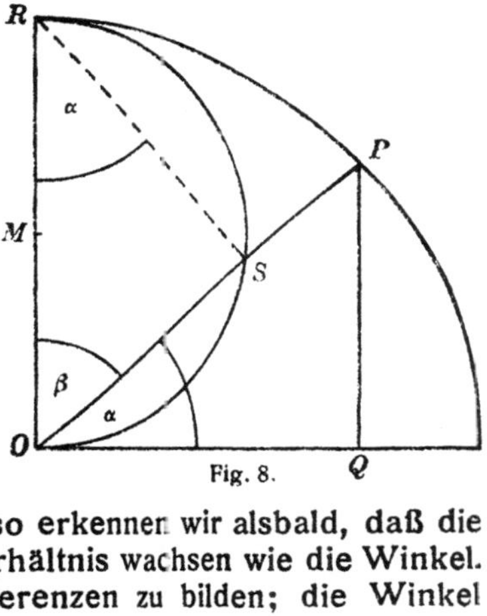

Die Sehne OS des Halbkreises ist also gleich dem Lote PQ, man kann demnach die Sinus der Winkel auch an den Sehnen des Halbkreises um M abmessen (Fig. 7).

Fig. 8.

§ 4. Einschaltung. Betrachten wir die Sinustafel, so erkennen wir alsbald, daß die Sinus nicht in demselben Verhältnis wachsen wie die Winkel. Wir brauchen nur die Differenzen zu bilden; die Winkel wachsen immer um 10^0, die Sinus aber (in Hunderteln ausgedrückt) um 17, 17, 16, 14, 13, 10, 7, 4, 2.

Im Anfang, bis zu 20^0, ist also Proportionalität festzustellen, dann aber wird das Wachstum des Sinus immer geringer. Da übrigens die Sinuswerte unserer Tabelle nur angenäherte Werte[1]) sind, so versteht es sich von selbst, daß auch jene Proportionalität nur angenähert besteht, d. h. bis auf zwei Dezimalen. Würde man statt eines Radius von 10 cm einen solchen von 50 cm oder 100 cm genommen haben, so könnte man mehr Dezimalen des Sinus bestimmen und dann würde die angenäherte Proportionalität nicht bis 20^0 reichen. Auf drei Dezimalen bestimmt ist sin 0^0 = 0,000, sin $10^0 \approx 0,174$, sin $20^0 \approx 0,342$, die Differenzen sind in Tausendteln: 174 und 168, also hat man keine Proportionalität bis 20^0. Aber innerhalb der ersten 10 Grade besteht bis auf drei Dezimalen Proportionalität; d. h. wächst der Winkel gleichmäßig, so wächst der Sinus ebenfalls (angenähert) gleichmäßig.

Dies zeigt die folgende Zusammenstellung:

Grad	1	2	3	4	5	6	7	8	9	10
Sinus	0,017	0,035	0,052	0,070	0,087	0,105	0,122	0,139	0,156	0,174
Sinusdifferenz.	17	18	17	18	17	18	17	17	17	18

Diese Hilfstafel, wie wir sie nennen wollen, ist eigentlich überflüssig; man kann ihre Zahlen leicht berechnen unter der Annahme, daß der dreistellige Sinus bis zu 10^0 gleichmäßig wächst. Wir sehen ja, daß sin $1^0 \approx \frac{1}{10}$ sin 10^0 ist.

Ebenso ist sin $2^0 \approx \frac{2}{10}$ sin $10^0 \approx 0,0174 \cdot 2 = 0,0348 \approx$ 0,035. Und so weiter, z. B. sin $7^0 \approx \frac{7}{10}$ sin $10^0 \approx 7 \cdot 0,0174$ = 0,1218 $\approx$ 0,122.

Die letzte Stelle allerdings ist manchmal nicht ganz sicher, aber solche Unsicherheiten muß man in Kauf nehmen gegen die Einfachheit. Da man in der Praxis weder absolut genau zeichnen noch messen kann, so dürfen wir auch gewisse Ungenauigkeiten der berechneten Zahlen zulassen, *sofern wir beurteilen können, wie weit die Ungenauigkeit geht*[2]).

1) Welche drei Werte machen eine Ausnahme?
2) Näheres ist in dem Bändchen über abgekürzte Rechnung (Nr. 42 dieser Sammlung) ausgeführt.

§ 4. Einschaltung

Wenn wir uns auf zwei Dezimalen beschränken, dann ergeben sich die Werte

0,02 0,03 0,05 0,07 0,09 0,10 0,12 0,14 0,16 0,17,

und diese sind, wie man leicht ausrechnet, die auf zwei Dezimalen abgekürzten Vielfachen von 0,017.[1]

Wir werden also zusammenfassend sagen können: will man den Sinus eines Winkels zwischen $0°$ und $10°$ berechnen, so muß man den zehnten Teil von $0,17 \approx \sin 10°$ mit dem Winkel multiplizieren. Angenähert ebenso steht es aber mit den Winkeln von $10°$ bis $20°$, denn bis dahin ging ja die ungefähre Proportionalität; zur Vereinfachung werden wir aber, um z. B. $\sin 16°$ zu berechnen, nicht $\frac{16}{20} \cdot 0,34$ nehmen, sondern nur die Zunahme von $\sin 10°$ ausrechnen. Da $\sin 20° - \sin 10° \approx 0,17$ ist, so rechnen wir $6 \cdot 0,017 = 0,102 \approx 0,10$ und erhalten $\sin 16° \approx 0,27$ mit einer gewissen Unsicherheit der letzten Stelle. Gewöhnlich rechnet man aber *in Einheiten der letzten Stelle*, also hier in Hunderteln: $6 \cdot 1,7 \approx 10$.

Diese so bequeme Rechnung gilt nun angenähert auch für die weiteren Gruppen von Winkeln; wie hier nicht näher begründet werden kann, findet innerhalb einer Gruppe von 10 Graden eine angenäherte Proportionalität zwischen dem Wachstum des Winkels und seines Sinus statt. Zwischen $20°$ und $30°$ ist die Sinusdifferenz von Grad zu Grad der zehnte Teil der Gesamtdifferenz: letztere ist $0,50 - 0,34 = 0,16$ oder in Hunderteln 16, die Einzeldifferenz ist demnach 1,6. Soll also $\sin 24°$ berechnet werden, so vermehren wir $\sin 20°$ um $4 \cdot 1,6 \approx 6$ Hundertel, erhalten mithin $0,34 + 0,06 = 0,40$ als angenäherten Wert. Ebenso finden wir z. B. $\sin 67°$: $\sin 60° \approx 0,87$, die *Tafeldifferenz* ist: $\sin 70° - \sin 60° \approx 0,94 - 0,87 = 0,07$, also in Einheiten der letzten Stelle 7; wir rechnen demnach $7 \cdot 0,7 \approx 5$ und erhalten $\sin 67° \approx 0,92$.

Dieses Verfahren nennt man *Einschaltung* oder *Interpolation*, ausführlicher *Berechnung von Zwischenwerten*. Die Regel lautet:

III. **Man nimmt den zehnten Teil der Tafeldifferenz** (d. h. die Differenz der beiden benachbarten Tafelwerte), **multipliziert ihn mit den Einern des gegebenen Winkels und**

---

[1] Mit Ausnahme der vorletzten Zahl, für die man 0,15 bekäme.

addiert dies **Produkt zum Sinus des kleineren Winkels der Tafel**.

§ 5. Berechnung des Winkels aus dem Sinus. Wir kommen nun zur umgekehrten, sehr wichtigen Aufgabe, aus einem gegebenen Sinus den Winkel zu ermitteln. Steht der Sinus in unsrer Tafel[1]) (S. 9), z. B. 0,94, so lesen wir einfach 70^0 ab. Steht er nicht in der Tafel, z. B. 0,59, so liegt er zwischen zwei Tafelwerten, z. B. 0,50 und 0,64 mit der **Tafeldifferenz 14 (Hundertel!)**; dann liegt der Winkel zwischen 30^0 und 40^0. Es ist ohne weiteres klar, daß man die fehlenden Einer des Winkels unter der angenähert zutreffenden Annahme gleichmäßigen Wachsens berechnen kann. Der Sinus ist von 0,50 auf 0,59, also um 9 (Hundertel) gewachsen; diese Differenz 9 heißt die **eigene Differenz**. Nun schließen wir: wächst der Sinus um 14, so wächst der Winkel um 10^0, wächst der Sinus um 1, so wächst der Winkel auch um den 14ten Teil, d. h. um $\frac{10}{14}$ Grad; wächst der Sinus um 9, so nimmt der Winkel auch um das 9fache zu, also um $\frac{10}{14} \cdot 9$ Grad $\approx 6^0$. Der Winkel ist also 36^0.

Halten wir also die beiden Erklärungen fest:

Die eigene Differenz ist die Differenz des gegebenen Sinus und des nächst kleineren Tafelsinus,

Die Tafeldifferenz ist die Differenz der beiden benachbarten Tafelsinus,

so können wir die Regel geben:

IV. Die Einer des Winkels zu einem gegebenen Sinus findet man, indem man das Zehnfache der eignen Differenz durch die Tafeldifferenz dividiert.

Aufgaben zu § 4 und § 5.

Berechne: $\sin 17^0$, $\sin 28^0$, $\sin 35^0$, $\sin 74^0$, $\sin 86^0$, $\sin 43^0$, $\sin 54^0$, $\sin 66^0$, $\sin 29^0$, $\sin 38^0$, $\sin 47^0$.

Berechne die Winkel, deren Sinus sind:
0,23; 0,62; 0,97; 0,38; 0,80; 0,42; 0,93.

Zeichne die Winkel 12^0, 25^0, 47^0, 68^0, 72^0.

Anleitung. Um z. B. den Winkel von 34^0 zu konstruieren, benutzen wir die Tatsache, daß $\sin 34^0 \approx 0,56 = 56 : 100$ ist. Wir zeichnen also ein rechtwinkliges Dreieck, dessen eine Kathete 56 mm und dessen Hypotenuse 100 mm ist (Vgl. S. 7).

---

1) Es ist zweckmäßig, die Tafel auf eine kleine Karte zu schreiben

Bemerkungen: Bei einigen dieser Aufgaben wird man mit Vorteil anders, nämlich „*rückwärts*" interpolieren. Nehmen wir z. B. sin 38⁰, so sieht man, daß 38⁰ um 2⁰ kleiner ist als 40⁰, der Sinus wird also um $\frac{2}{10}$ der Tafeldifferenz kleiner sein als sin 40⁰. Wir rechnen demnach $2 \cdot 1{,}4 \approx 3$ und erhalten sin 38⁰ $\approx 0{,}61$.

Ebenso bei der umgekehrten Aufgabe: 0,93 ist um 1 Einheit der letzten Stelle kleiner als 0,94 $\approx$ sin 70⁰; wir rechnen also $10 : 7 \approx 1$ und erhalten $0{,}93 \approx \sin 69^0$.

Manchmal zeigen sich kleine Unterschiede im Ergebnis, je nachdem man *vorwärts* oder *rückwärts* einschaltet; das ist bei solchen nur näherungsweise geltenden Rechnungen nicht zu vermeiden, die Unsicherheit der letzten Stelle kommt hier zur deutlichen Auswirkung. *Wo beide Verfahren dasselbe ergeben, hat man den Wert des Sinus oder des Winkels auf zwei Stellen genau.* Der Leser erprobe das an den gegebenen und an selbst gebildeten Beispielen.

Grad	Sinus
80	0,985
81	0,988
82	0,990
83	0,993
84	0,995
85	0,996
86	0,998
87	0,999
88	0,999
89	1,000
90	1,000

Zwischen 80⁰ und 90⁰ ist bei zwei Dezimalen eine genauere Bestimmung natürlich unmöglich. Wir setzen daher eine dreistellige Tafel zur Ergänzung her. Man entnimmt dieser Tafel, daß man von 80⁰ bis 84⁰ den Sinus gleich 0,99 und von da ab gleich 1,00 zu setzen hat. Im Anhang ist eine Tafel der Sinus aller Winkel von 0⁰ bis 90⁰ von Grad zu Grad angefügt.

II. ANWENDUNGEN DES SINUS

§ 6. Das rechtwinklige Dreieck.

Wir nehmen, wie üblich, $\gamma = 90^0$, also ist c die Hypotenuse und a und b sind die Katheten, ihre Gegenwinkel sind α und β. (Fig. 9.)

Dann ist nach der Definition des Sinus

$$\text{V.} \quad \sin \alpha = \frac{a}{c}, \quad \sin \beta = \frac{b}{c}.$$

Daraus ergeben sich weiter die Gleichungen

$$\text{VI.} \quad a = c \sin \alpha, \quad b = c \sin \beta.$$
$$\text{VII.} \quad c = a : \sin \alpha, \quad c = b : \sin \beta.$$

II. Anwendungen des Sinus

In Worten heißen die Gleichungen VI und VII:

VI. Eine Kathete ist gleich dem Produkt aus der Hypotenuse und dem Sinus des Gegenwinkels der Kathete.

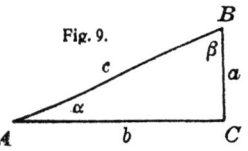

Fig. 9.

VII. Die Hypotenuse ist gleich dem Quotienten aus einer Kathete und dem Sinus ihres Gegenwinkels.

Beispiel 1. Die Katheten eines rechtwinkligen Dreiecks sind 3 cm und 4 cm, wie groß sind die Winkel?

Auflösung: Nach dem Pythagoreischen Lehrsatz ist die Hypotenuse $\sqrt{3^2 + 4^2} = \sqrt{25} = 5$ (cm), demnach hat man für die Sinus der Winkel α und β die Gleichungen

$$\sin \alpha = \tfrac{3}{5} = 0{,}60, \quad \sin \beta = \tfrac{4}{5} = 0{,}80,$$

die Tafel gibt $\quad \alpha \approx 37^0, \quad \beta \approx 53^0$

Die Summe $\alpha + \beta = 37^0 + 53^0 = 90^0$ stimmt genau mit der Forderung überein, daß die beiden spitzen Winkel komplementär sein müssen, was bei Näherungsrechnungen nicht immer glatt herauskommt und auch nicht immer herauszukommen braucht;[1] nur wird man verlangen, daß die Abweichung klein ist. Aus diesem Grunde ist es auch zweckmäßig, beide Winkel α und β aus dem Sinus zu berechnen, nicht nur den einen und dann den andern als Komplement zu bestimmen.

Beispiel 2. Die Hypotenuse c eines rechtwinkligen Dreiecks sei zu 7,4 cm gemessen, die eine Kathete $a = 6,5$ cm, wie groß sind die Winkel?

Auflösung. Es ist $\sin \alpha \approx 6{,}5 : 7{,}4 \approx 0{,}88$, es ergibt sich $\alpha \approx 61^0$. Berechnen wir nach dem Pythagoreischen Satz $b = \sqrt{7{,}4^2 - 6{,}5^2} \approx 3{,}54$, so kommt $\sin \beta \approx 3{,}54 : 7{,}4 \approx 0{,}48$, daraus folgt $\beta \approx 29^0$. Es ist hier $\alpha + \beta \approx 90^0$.

Beispiel 3. Eine Straße an einem Hang hat eine gleichmäßige Steigung von 12^0; wie hoch ist man gestiegen, wenn man auf ihr 370 m gegangen ist? (Fig. 10.)

---

[1] Tatsächlich sind jene Werte abgerundete Zahlen; bei genauerer Rechnung mit anderen Hilfsmitteln ergibt sich $\alpha \approx 26^0$ 52′ 11″, $\beta \approx 53^0$ 7′ 48″, jene obigen Werte stimmen also auf ungefähr ± 8′.

§ 6. Das rechtwinklige Dreieck

Auflösung. Nenne ich den Winkel φ, die Strecke auf der Straße s und die erreichte Höhe h, so ist

$$h = s \cdot \sin \varphi,$$

also wird $h \approx 370 \cdot 0{,}20 \approx 74$, man ist also ungefähr 74 m gestiegen.

Beispiel 4. Ein aufwärtsführender Weg von 2,76 m Länge erhebt sich um 1,36 m. Er soll durch eine Treppe mit 8 Stufen von je 17 cm Höhe ersetzt werden. Wie breit müssen die Stufen gemacht werden?

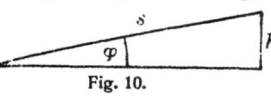

Fig. 10.

Auflösung. Man könnte hier mit dem P. L. aus der Hypotenuse 2,76 und der einen Kathete 1,36 die andere Kathete berechnen und diese dann durch 8 teilen. Wir wollen aber einen anderen Weg einschlagen und dabei zeigen, wie man den P. L. manchmal durch trigonometrische Rechnung ersetzen kann. Der Leser mache sich die Figur selbst. Der Steigungswinkel, der der Kathete 1,36 gegenüberliegt, heiße α, dann ist $\sin \alpha \approx 1{,}36 : 2{,}76 \approx 0{,}50$, also ist $\alpha \approx 30°$. Dann ist der andere spitze Winkel $\beta \approx 60°$ und die Gegenkathete $b \approx 2{,}76 \cdot \sin 60° \approx 2{,}76 \cdot 0{,}87 \approx 2{,}40$ (m). Demnach ist die Stufenbreite 2,40 m : 8 = 30 cm.

Beispiel 5. Auf einen Berg, dessen Hochfläche sich 93 m über der Ebene befindet, soll eine Straße geführt werden, deren gleichmäßige Steigung 10° betragen soll. Wie lang wird sie?

Auflösung. Offenbar haben Krümmungen und Windungen der Straße auf die Rechnung keinen Einfluß; die Straßenlänge kann als Hypotenuse c eines rechtwinkligen Dreiecks berechnet werden, dessen eine Kathete $a = 93$ und deren Gegenwinkel $\alpha = 10°$ ist. Demnach ist $c = a : \sin \alpha \approx 93 : 0{,}17 \approx 547$. Die Straße ist also rund 550 m lang.

Beispiel 6. Ein Schleppschacht soll unter 35° Neigung in die Erde gegraben werden. Wie lang muß er sein, damit man 5 m tief kommt?

Auflösung. Die gesuchte Schachtlänge ist die Hypotenuse c, also ist

$$c = 5 : \sin 35° \approx 5 : 0{,}57 \approx 8{,}8 \text{ (m)}.$$

Beispiel 7. Die Schienen einer Vollbahn haben 144 cm

Spurbreite. Um wieviel muß bei einer Kurve die äußere Schiene gegen die innere erhöht werden, damit ein Neigungswinkel von 3^0 entsteht?

Auflösung. Die Erhöhung ist eine Kathete, die Spurbreite ist die Hypotenuse; man findet $144 \cdot \sin 3^0 \approx 144 \cdot 0{,}052 \approx 7{,}5$. Ergebnis: 7,5 cm.

Beispiel 8. Wie groß ist die Seite eines regelmäßigen 20-Ecks im Kreise von 7,4 cm Radius?

Auflösung. Verbindet man die Endpunkte einer Sehne mit dem Kreismittelpunkt, so erhält man das sog. Bestimmungsdreieck; es ist gleichschenklig und hat an der Spitze einen Winkel von $360^0 : 20 = 18^0$. Fällen wir von der Spitze ein Lot auf die Grundlinie, so entsteht ein rechtwinkliges Dreieck, die Sehne wird halbiert und ebenso auch der Winkel an der Spitze. Daher ist die Sehne $= 2 \cdot 7{,}4 \cdot \sin 9^0 \approx 14{,}8 \cdot 0{,}156 \approx 2{,}3$ (cm).

Beispiel 9. Gegeben ist ein Kreisausschnitt (Sektor): Radius $m = 16$ cm, Mittelpunktswinkel $\varphi = 120^0$. Dieser Ausschnitt ist zu einem Trichter (gerader Kreiskegel) zusammengebogen. Wie groß ist der Grundkreisradius r, der Öffnungswinkel 2α und die Höhe h dieses Trichters? (Fig. 11.)

Auflösung. Der Kreisausschnitt ist der dritte Teil des ganzen Kreises, folglich ist sein Bogen $\tfrac{2}{3}\pi m$. Dieser Bogen ist gleich dem Umfang des Grundkreises des Trichters, also $\tfrac{2}{3}\pi m = 2\pi r$, folglich ist $r = \tfrac{1}{3}m$. Die Höhe h und der Radius r sind die Katheten eines rechtwinkligen Dreiecks, dessen Hypotenuse m ist.

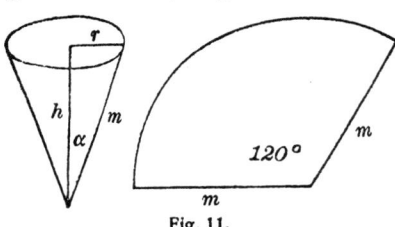

Fig. 11.

Der halbe Öffnungswinkel α ist also bestimmt durch die Gleichung

$$\sin \alpha = r : m = \tfrac{1}{3} m : m = \tfrac{1}{3} \approx 0{,}33.$$

Es ist daher $\alpha \approx 19^0$, der Öffnungswinkel ist demnach $2\alpha \approx 38^0$. Der andere spitze Winkel des rechtwinkligen Dreiecks ist $90^0 - 19^0 = 71^0$, folglich ist $h \approx m \cdot \sin 71^0 \approx 16 \cdot 0{,}94 \approx 15$, die Höhe ist also 15 cm.

Beispiel 10. Wie groß sind φ, h und r, wenn der Öffnungswinkel des Trichters $2\alpha = 60°$ sein soll?

Weitere Aufgaben. Nach Beispiel 1 zu rechnen: 1) $a = 12$, $b = 5$; 2) $a = 24$, $b = 7$; 3) $a = 40$, $b = 9$.

Nach Beispiel 2 zu rechnen: 4) $c = 3,7$, $a = 3,2$; 5) $c = 29$, $b = 13$; 6) $c = 0,63$, $a = 0,52$.

Nach Beispiel 3 zu rechnen: 7) $\varphi = 9°$, $s = 1$ km; 8) $\varphi = 15°$, $s = 275$ m; 9) $\varphi = 5°$, $s = 50$ m.

Nach Beispiel 4 zu rechnen: 10) 15 m Länge, 6 m Höhe, 40 Stufen.

Nach Beispiel 5 zu rechnen: 11) 74 m Höhe, 8° Steigung; 12) 26 m Höhe, 5° Steigung.

Nach Beispiel 6 zu rechnen: 13) 25° Neigung, 4 m Tiefe; 14) 40° Neigung, 7 m Tiefe.

Nach Beispiel 7 zu rechnen: 15) 100 cm Spurbreite, 2° Neigung.

Nach Beispiel 8 zu rechnen: 16) 15-Eck, 9,3 cm Radius; 17) 8-Eck, 6,8 cm Radius.

Nach Beispiel 9 zu rechnen: 18) $m = 8$ cm, $\varphi = 200°$; 19) $m = 12$ cm, $\varphi = 240°$.

Nach Beispiel 10 zu rechnen: 20) $m = 10$ cm, $2\alpha = 90°$.

§ 7. Das beliebige Dreieck. Da ein Dreieck durch seine drei Seiten eindeutig bestimmt ist — alle aus denselben drei Strecken als Seiten konstruierten Dreiecke sind ja kongruent, haben also auch dieselben Winkel —, so müssen genaue Beziehungen zwischen den Seiten eines Dreiecks und seinen Winkeln bestehen. In der Planimetrie werden nur die beiden folgenden, ziemlich losen Zusammenhänge bewiesen:

In einem Dreieck liegt der größeren von zwei Seiten der größere Winkel gegenüber.

Stimmen zwei Dreiecke in zwei Seiten überein, ist aber im ersten Dreieck der eingeschlossene Winkel größer als im zweiten Dreieck, so ist auch die dritte Seite im ersten Dreieck größer als die dritte Seite im zweiten Dreieck.

Man sieht sofort, daß man keinen dieser Sätze zu irgend welchen Berechnungen verwenden kann. Darauf aber wollen wir hinaus, wir wollen *Gleichungen* auffinden, in denen *Seiten und Winkel* vorkommen. Da nun ein Dreieck durch drei Stücke bestimmt ist, so werden wir Gleichungen suchen, die zwischen *vier* Stücken des Dreiecks bestehen, damit wir eines dieser vier Stücke aus den drei anderen berechnen können.

Fällen wir (Fig. 12) in einem Dreieck ABC, das bei A und B die

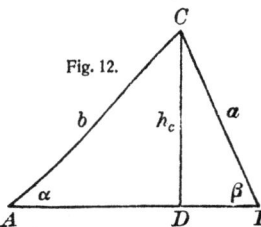

Fig. 12.

spitzen Winkel α und β hat, die Höhe $h_c = CD$ auf AB, so entstehen zwei rechtwinklige Dreiecke mit gemeinsamer Kathete h_c. Aus dem einen Dreieck ADC ergibt sich $h_c = b \sin \alpha$ (denn b ist ja Hypotenuse und α ist der Gegenwinkel von h_c), aus dem andern Dreieck folgt $h_c = a \sin \beta$. Daher müssen diese beiden Ausdrücke einander gleich sein:

$$a \sin \beta = b \sin \alpha, \qquad (1)$$

und damit haben wir schon eine Gleichung zwischen vier Stücken des Dreiecks, nämlich *zwischen zwei Seiten und ihren Gegenwinkeln.*

Man kann diese Gleichung (1) in mehrfacher Weise umformen. Dividieren wir Formel (1) durch $\sin \beta$ oder durch $\sin \alpha$, so entstehen die Gleichungen

$$a = \frac{b \sin \alpha}{\sin \beta} \quad \text{oder} \quad b = \frac{a \sin \beta}{\sin \alpha}. \qquad (2)$$

Dividieren wir die Gleichung (1) durch b oder durch a, so erhalten wir die Beziehungen

$$\sin \alpha = \frac{a \sin \beta}{b} \quad \text{oder} \quad \sin \beta = \frac{b \sin \alpha}{a}. \qquad (3)$$

Dividiert man die erste der Gleichungen (2) durch b, so kommt

$$a : b = \sin \alpha : \sin \beta, \qquad (4)$$

dividiert man die erste der Gleichungen (2) durch $\sin \alpha$, so ergibt sich

$$\frac{a}{\sin \alpha} = \frac{b}{\sin \beta}. \qquad (5)$$

Die Bedeutung und Verwendung dieser Gleichungen zu erläutern, wird unsere Aufgabe sein. Zuvor müssen wir uns aber von dem Zwang befreien, den uns die Bedingung auferlegt, daß die Winkel nur spitz sein dürfen.

§ 8. Der Sinus eines stumpfen Winkels.

Wir zeichnen (Fig. 13) ein gleichschenkliges Dreieck CB_1B_2 mit den Schenkeln $CB_1 = CB_2 = a$ und verbinden einen beliebigen[1]) Punkt A der Grundlinie B_1B_2 mit C durch die Strecke $AC = b$. Es entstehen dadurch zwei Dreiecke AB_1C und AB_2C, in denen die Strecken AB_1 und AB_2 mit c_1 und c_2, die Winkel bei C mit γ_1 und γ_2 bezeichnet seien. Nennen wir α den spitzen Winkel bei A,

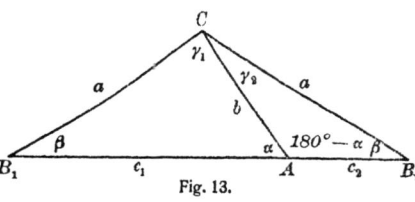

Fig. 13.

dann ist der andere, $180^0 - \alpha$, ein stumpfer Winkel. Die beiden Winkel bei B_1 und B_2 sind einander gleich (also spitz) und mögen β heißen.

Man sieht, die beiden Dreiecke stimmen in zwei Seiten (a und b) und dem Gegenwinkel β der kleineren Seite b überein.

Wenden wir nun die erste der Gleichungen (3) des § 7 auf das Dreieck AB_1C an, so ist

$$\sin \alpha = \frac{a \sin \beta}{b},$$

d. h. der Sinus eines Winkels α ist gleich der Gegenseite a multipliziert mit dem Sinus eines andern Dreieckswinkels β und dividiert durch dessen Gegenseite b.

Wollen wir nun eine Erweiterung des Sinusbegriffs auf den stumpfen Winkel $180^0 - \alpha$ vornehmen, so bedienen wir uns desselben Prinzips, das überhaupt bei Begriffserweiterungen angewendet wird: *es müssen die Rechenregeln und Formeln bei der Erweiterung bestehen bleiben*[2]).

Wir werden also verlangen, daß dieselbe Formel, die wir für $\sin \alpha$ im Dreieck AB_1C aufgestellt haben, auch für den noch unbekannten $\sin(180^0 - \alpha)$ im Dreieck AB_2C gilt. Das ergibt:

$$\sin(180^0 - \alpha) = \frac{a \sin \beta}{b}.$$

---

1) Er darf nicht der Mittelpunkt von B_1B_2 sein.
2) So werden die künstlichen Zahlen (Brüche, negative, irrationale und imaginäre Zahlen) eingeführt. Näheres darüber s. *Wieleitner*, Der Begriff der Zahl. Math. Phys. Bibl. Bd. 2. 2. Auflage 1920, Leipzig, B. G. Teubner.

Durch Vergleich der beiden Formeln erkennt man, da die rechten Seiten völlig übereinstimmen, daß auch die linken Seiten übereinstimmen müssen. Wir setzen also fest:

VIII. $\sin(180° - \alpha) = \sin\alpha$.

Will man demnach die bisherigen Formeln ungeändert auch auf stumpfwinklige Dreiecke anwenden, so muß man definieren:

VIII. Der Sinus eines stumpfen Winkels ist dem Sinus seines spitzen Supplements gleichzusetzen.

So ist also $\sin 100° = \sin 80° \approx 0{,}98$, $\sin 127° = \sin 53° \approx 0{,}80$, $\sin 176° = \sin 4° \approx 0{,}070$, und schließlich als Grenzfall $\sin 180° = \sin 0° = 0$.

Aufgaben. Berechne $\sin 96°$, $\sin 103°$, $\sin 156°$, $\sin 143°$, $\sin 164°$ und zeichne diese Winkel (vgl. § 2).

§ 9. Der Sinussatz. Wir gehen nun unbekümmerter zu den Gleichungen des § 7 zurück, sie gelten unter Anwendung der soeben begründeten Definition des Sinus eines stumpfen Winkels für alle Dreieckswinkel, also allgemein. Zuerst nehmen wir Formel (4) vor und sagen uns: was für a, b, α, β gilt, muß auch für a, c, α, γ Geltung haben; wir erhalten demnach die beiden Proportionen[1])

$$a : b = \sin\alpha : \sin\beta,$$
$$a : c = \sin\alpha : \sin\gamma,$$

die wir zu einer fortlaufenden Proportion zusammenziehen:

IX. $a : b : c = \sin\alpha : \sin\beta : \sin\gamma$,

in Worten:

IX. Die Seiten eines Dreiecks verhalten sich der Reihe nach wie die Sinus ihrer Gegenwinkel.

Dieser Satz heißt der **Sinussatz**,[2]) er gibt uns die zahlenmäßige und vollständige Ergänzung zu den oben S. 17 angeführten planimetrischen Sätzen. Sind die Winkel eines Dreiecks gegeben, so kann man die Verhältnisse der Seiten berechnen.

Beispiel. Die Winkel eines Dreiecks sind $\alpha = 56°$, $\beta = 48°$, $\gamma = 180° - (56° + 48°) = 76°$, wie verhalten sich die Seiten?

---

1) Natürlich ist auch $b : c = \sin\beta : \sin\gamma$.
2) Er war den Arabern etwa im 11. Jahrhundert bekannt.

Auflösung. Es ist $\sin 56° \approx 0{,}83$; $\sin 48° \approx 0{,}74$; $\sin 76° \approx 0{,}96$, also ist $a:b:c \approx 83:74:96$.

Will man sich durch die Zeichnung davon überzeugen, so konstruiert man ein Dreieck ABC, bei dem $BC = 8{,}3$ cm, $AC = 7{,}4$ cm, $AB = 9{,}7$ cm ist. Dann trägt man auf AC von A aus die Strecke $AD = 10$ cm auf und fällt von D auf AB das Lot DD'; man findet durch Messung $DD' = 8{,}3$ cm, also wird $\sin \alpha = DD':AD \approx 0{,}83$. Ebenso verfährt man bei den andern beiden Winkeln β und γ.

Aufgaben. Führe Rechnung und Zeichnung in derselben Weise durch für folgende Winkel[1]) 1. $\alpha = 67°$, $\beta = 58°$; 2. $\alpha = 107°$, $\beta = 34°$; 3. $\alpha = 63°$, $\beta = 27°$; 4. $\alpha = 42°$, $\beta = 37°$.

Bemerkung. Der Sinussatz ist offenbar auch die erwünschte Ergänzung zu dem Ähnlichkeitssatze, daß Dreiecke, die in den Winkeln übereinstimmen, ähnlich sind[2])!

§ 10. Eine Seite und zwei Winkel.

Sind die Winkel eines Dreiecks gegeben, so kann man die *Seitenverhältnisse* berechnen, wie wir soeben festgestellt und eingeübt haben. Ist nun noch die *Länge einer Seite* gegeben, so kann man auch die *Längen der andern beiden Seiten* berechnen. Soll also in dem Beispiel des § 9 etwa $a = 6{,}2$ cm sein, so ist

$6{,}2 : b : c \approx 83 : 74 : 97$, also $b \approx 6{,}2 \cdot 74 : 83$
und $c \approx 6{,}2 \cdot 97 : 83$.

Wir rechnen $6{,}2 : 83 \approx 0{,}0747$ und erhalten somit

$b \approx 74 \cdot 0{,}0747 \approx 5{,}53$, $c \approx 97 \cdot 0{,}0747 \approx 7{,}24$.

Damit aber haben wir die rechnerische Lösung einer der einfachsten Aufgaben über Dreieckskonstruktionen; es ist ja eine der Grundaufgaben, ein Dreieck zu zeichnen, von dem *eine Seite und zwei Winkel* gegeben sind. Wir können jetzt die Grundaufgabe der Dreiecksberechnung lösen:

Von einem Dreieck sind eine Seite und zwei Winkel gegeben, die Größe der anderen Stücke des Dreiecks zu berechnen.

Es ist zweckmäßig, die Auflösung dieser Aufgabe, die ja

---

[1] Der dritte Winkel ist aus der Gleichung $\alpha + \beta + \gamma = 180°$ zu berechnen.
[2] Erläutere dies genauer.

II. Anwendungen des Sinus

im vorhergehenden schon vollständig entwickelt und begründet ist, nochmals in knapper Form darzustellen.

Aufgabe. Gegeben: a, α, β; gesucht: γ, b, c.

Zunächst berechnen wir

$$\gamma = 180^0 - (\alpha + \beta).$$

Dann benutzen wir den Sinussatz und finden aus

$$b : a = \sin\beta : \sin\alpha \quad \text{die Formel} \quad b = \frac{a \sin\beta}{\sin\alpha}$$

und aus $c : a = \sin\gamma : \sin\alpha$ „ „ $c = \dfrac{a \sin\gamma}{\sin\alpha}$.

Man bemerkt leicht, daß in den rechts stehenden Formeln die Größen b, a, $\sin\beta$, $\sin\alpha$ sowie c, a, $\sin\gamma$, $\sin\alpha$ in genau derselben Reihenfolge stehen, wie in den Proportionen links! Zur Berechnung ist zu sagen, daß man natürlich erst $a : \sin\alpha$ ausrechnet und diesen Quotienten mit $\sin\beta$ und $\sin\gamma$ multipliziert.

In den folgenden Zahlenbeispielen ist die ganz bestimmte zweckmäßige Anordnung der Rechnung[1]) einzuhalten, die beim ersten Beispiele angewendet ist; die gegebenen und gesuchten Größen sind in einer Tafel zusammenzustellen.

Zahlenbeispiele:

1.

		sin
a	19	
α	43°	0,68
β	26°	0,44
γ	111°	0,93
b	12	
c	26	

$b = \dfrac{a \sin\beta}{\sin\alpha}$, $c = \dfrac{a \sin\gamma}{\sin\alpha}$.

$$\begin{array}{l} 19,0 : 0,68 \approx 28,0 \\ \underline{13\ 6} \\ 5\ 4 \end{array} \quad (a : \sin\alpha)$$

$$\begin{array}{l} 0,44 \cdot 28 \\ \overline{8,8} \\ 3\ 5 \\ \overline{12,3} \end{array} (b) \qquad \begin{array}{l} 0,93 \cdot 28 \\ \overline{18,6} \\ 74 \\ \overline{26,0} \end{array} (c)$$

	2.	3.	4.
a	0,36	7,4	12
α	72°	104°	47°
β	35°	29°	58°

	5.	6.	7.
b	34	4,9	200
α	27°	69°	34°
β	32°	79°	68°

	8.	9.	10.
c	61	0,52	0,083
α	47°	78°	116°
β	42°	64°	37°

Bemerkung. Man schreibe bei *jeder* Aufgabe wie in dem ausgeführten Beispiel die Formeln über die Rechnung.

---

[1]) Wegen der abgekürzten Rechnung verweisen wir auf das in Anm. S. 10 angeführte Bändchen dieser Sammlung. Wer mit dem Rechenschieber umzugehen versteht, wird natürlich dieses Hilfsmittel benutzen; vgl. *Rohrberg*, Theorie und Praxis des Rechenschiebers. Math. Phys. Bibl. Nr. 23, 2. Aufl. 1919.

Bei den Beispielen 2, 3, 4 haben wir also dieselben Formeln wie bei 1. Bei den nächsten drei Beispielen dagegen sind a und c gesucht, und die Formeln lauten natürlich $a = \dfrac{b \sin\alpha}{\sin\beta}$ und $c = ?$ Bei den letzten drei Aufgaben ist c gegeben, man hat also die Formeln durch *Buchstabenvertauschung* diesem Falle anzupassen. Der Leser wird inzwischen gewiß selbst gemerkt haben, wie diese Formeln gebaut sind, und wird dadurch der Mühe enthoben sein, die sechs Formeln, die bei den drei Gruppen von Aufgaben zur Anwendung kommen, auswendig zu lernen. Am bequemsten und zugleich am sachgemäßesten ist es, stets von der Proportion auszugehen und die Größen in der Reihenfolge, wie sie dort auftreten, in den Bruch zu schreiben, die beiden mittleren Glieder — eine Seite und den Sinus des Gegenwinkels der gesuchten Seite — in den Zähler, das vierte Glied der Proportion — den Sinus des Gegenwinkels der Seite, die im Zähler steht, — in den Nenner. Die allgemeine Form der rechten Seite der Gleichung kann man auch so deuten: eine Seite multipliziert mit dem Quotienten zweier Sinus.

§ 11. Zwei Seiten und ein Gegenwinkel.

Wir wenden uns nun zur Betrachtung der Formeln (3) des § 7; die eine lautete

$$\sin\beta = \frac{b \sin\alpha}{a}, \qquad (1)$$

sie kann unmittelbar abgeleitet werden aus der Proportion

$$\sin\beta : b = \sin\alpha : a, \qquad (2)$$

die ja weiter nichts als eine Umformung des Sinussatzes ist. Sie zeigt, daß der Sinus eines Dreieckwinkels gleich dem Sinus eines anderen Dreieckwinkels ist, multipliziert mit dem Quotienten der beiden Gegenseiten:

$$\sin\beta = \frac{b}{a} \sin\alpha,$$

wobei die Gegenseite (b) des gesuchten Winkels (β) im Zähler steht.[1]

Auf der rechten Seite der Gleichung (1) stehen zwei Seiten und der Gegenwinkel der einen von ihnen, links steht der

---

1) Vergleiche damit den Schluß des § 10.

Gegenwinkel der anderen Seite; wir erkennen also, daß wir hier die zweite Grundaufgabe der Dreieckslehre rechnerisch bewältigen können:

Gegeben sind zwei Seiten eines Dreiecks und einer ihrer Gegenwinkel, gesucht die anderen Stücke des Dreiecks.

Wir wollen das sofort an einem allgemeinen Beispiel durchführen.

Gegeben: a, b, α, gesucht: β, γ, c.

Auflösung. Wir finden zuerst durch die Gleichung (1) den Winkel β; dann ergibt sich der Winkel $\gamma = 180° - (\alpha + \beta)$, und endlich erhalten wir c aus der früheren Gleichung

$$c = a \sin \gamma : \sin \alpha.$$

Anmerkung. Man könnte daran denken, c aus der Gleichung $c = b \sin \gamma : \sin \beta$ zu bestimmen, da ja β schon berechnet ist. Aber man zieht die andere Gleichung vor, weil α in der Aufgabe gegeben ist, β dagegen als Rechenergebnis naturgemäß mit einem nicht genau bekannten Fehler behaftet ist!

Das Rechenschema führt folgende Aufgabe vor:

Aufgabe 1.

$$\sin\beta = \frac{b\sin\alpha}{a},\ \gamma = 180° - (\alpha+\beta),\ c = \frac{a\sin\gamma}{\sin\alpha} = \sin\gamma : \frac{\sin\alpha}{a}.$$

a	3,7	
b	2,9	sin
α	66°	0,91
β	45°	0,71
γ	69°	0,93
c	3,8	

$0,91 : \dot{3},\dot{7} \approx 0,24_7$
$\overline{17}$ (sin α : a)
2

$2,\dot{9} \cdot 0,24_7$
$\overline{0,58}$
12 (sin β
1
$\overline{0,71}$

$0,93 : 0,2\dot{4}_7 \approx 3,8$
74
$\overline{19}$

Bemerkung. Man rechnet am besten zuerst $\sin \alpha : a$ aus und multipliziert damit b; die dritte Seite erhält man dann, indem man $\sin \gamma$ durch diesen Quotienten $\sin \alpha : a$ dividiert.

Weitere Aufgaben.

	2.	3.	4.		5.		6.		7.		8.		9.	10.
a	16	8,3	110	a	39	a	0,68	a	0,83	b	5,7	b	63	0,57
b	14	3,5	86	b	43	c	0,52	c	0,97	c	4,1	c	72	0,64
α	47°	84°	58°	β	72°	α	112°	γ	63°	β	32°	γ	68°	103°

§ 11. Zwei Seiten und ein Gegenwinkel

Betrachtet man diese 10 Aufgaben aufmerksam, so wird man finden, daß stets *der gegebene Winkel der größeren von den beiden gegebenen Seiten gegenüberliegt*. Wir denken da sogleich an den bekannten Kongruenzsatz, nach dem zwei Dreiecke kongruent sind, wenn sie in zwei Seiten und dem Gegenwinkel der größeren von ihnen übereinstimmen. Wir erinnern uns aber auch zugleich, daß man im allgemeinen **zwei** verschiedene Dreiecke erhält, wenn man ein Dreieck aus zwei Seiten und dem Gegenwinkel der kleineren von ihnen zeichnen soll. Ein Blick auf die früher betrachtete Figur 13 zeigt uns ja zwei Dreiecke AB_1C und AB_2C, die übereinstimmen in den beiden Seiten a und b und in dem Winkel β, der ersichtlich der kleineren Seite b gegenüberliegt! Diese Figur gibt uns aber auch sofort die Handhabe zur rechnerischen Bewältigung. Wir bedenken, daß ja $\sin(180° - \alpha) = \sin \alpha$ gesetzt werden mußte, wir werden also nach Berechnung von $\sin \alpha$ zwei supplementäre Winkel, einen spitzen Winkel $\alpha_1 = \alpha$ aus der Tafel und den stumpfen Winkel $\alpha_2 = 180° - \alpha$ als Lösung hinschreiben müssen. Dann ergeben sich zwei Winkel γ, nämlich

$$\gamma_1 = 180° - (\alpha + \beta) = (180° - \alpha) - \beta = \alpha_2 - \beta$$
und
$$\gamma_2 = 180° - (180° - \alpha + \beta) = \alpha_1 - \beta$$

und daraus auch zwei Seiten c_1 und c_2. Die rechnerische Behandlung ist also folgendermaßen:

Aufgabe 11.

a	36			
b	31		sin	
β	29°		0,48	
α	34°	146°	0,55	
γ	117°	5°	0,89	0,087
c	58	5,7		

$$\sin \alpha = \frac{a \sin \beta}{b}, \quad \gamma_1 = \alpha_2 - \beta, \quad c_1 = \frac{b \sin \gamma_1}{\sin \beta}$$

$$\gamma_2 = \alpha_1 - \beta, \quad c_2 = \frac{b \sin \gamma_2}{\sin \beta}$$

$$0{,}48 : 31 \approx 0{,}0153$$
$$\underline{17} \; (\sin \beta : b)$$
$$1$$

$$\underline{36 \cdot 0{,}0153}$$
$$36$$
$$18 \; (\sin \alpha)$$
$$\underline{1}$$
$$0{,}55$$

$$0{,}89 : 0{,}0153 \approx 58$$
$$\underline{77} \quad c_1$$
$$12$$

$$0{,}087 : 0{,}0153 \approx 5{,}7$$
$$\underline{2}$$

Weitere Aufgaben.

	12.	13.		14.	15.		16.	17.
a	5,6	11	b	5,5	74	a	0,56	35
b	5,1	5,3	c	3,3	25	c	0,67	48
β	56°	25°	γ	37°	42°	α	58°	53°

Bemerkung. Bei der einen dieser sechs Aufgaben erhält man nur eine Lösung, bei einer anderen keine Lösung! Prüfe die Ergebnisse aller dieser Aufgaben durch Zeichnung.

§ 12. Der Umkreis. Um jedes Dreieck läßt sich ein Kreis, der sog. Umkreis, beschreiben, dessen Mittelpunkt der Schnittpunkt der Mittellote der Seiten des Dreiecks ist. In den Figuren 14 und 15 ist dies für ein spitzwinkliges Dreieck und ein stumpfwinkliges Dreieck ausgeführt. Bei einem rechtwinkligen Dreieck fällt der Mittelpunkt des Umkreises mit dem Mittelpunkt der Hypotenuse zusammen. Ziehen wir nun durch B den Durchmesser $\overline{BMC'}$, so entsteht in beiden Figuren das rechtwinklige Dreieck ABC' mit dem rechten Winkel bei A (Winkel im Halbkreis!). In Fig. 14, wo der Winkel γ spitz ist, steht der Umfangswinkel bei C' auf demselben Bogen wie der Winkel bei C, der Winkel bei C' ist also auch γ. In dem Dreieck ABC' ist AB die dem Winkel γ gegenüberliegende Kathete und BC' ist die Hypotenuse, daher ist $\sin \gamma = AB:BC'$. Führen wir die Streckenbezeichnung durch kleine

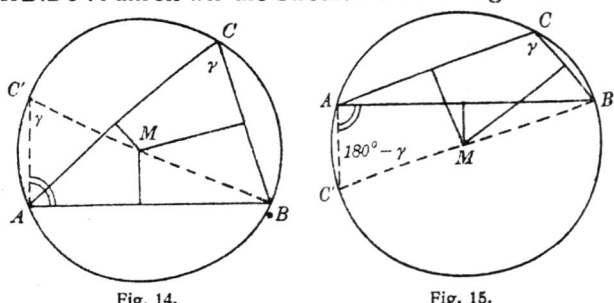

Fig. 14.   Fig. 15.

Buchstaben ein, setzen also $AB = c$ und, wie üblich, $BC' = 2 \cdot BM = 2r$, so kommt

$$\sin \gamma = \frac{c}{2r} \quad \text{und daraus} \quad 2r = \frac{c}{\sin \gamma}.$$

In Fig. 15 stehen die beiden Umfangswinkel bei C und C'

§ 12. Der Umkreis

auf zwei Bögen, die sich zum vollen Kreis ergänzen, daher sind diese Winkel supplementär, der Winkel bei C' ist der spitze Winkel $180^0 - \gamma$ und man erhält in derselben Weise wie vorher

$$2r = \frac{c}{\sin(180^0 - \gamma)}.$$

Nun hat aber nach unserer früheren Festsetzung der stumpfe Winkel γ denselben Sinus wie sein spitzes Supplement $180^0 - \gamma$, daher ist auch in diesem Falle

$$2r = \frac{c}{\sin \gamma}.$$

Was wir soeben mit dem Winkel γ gemacht haben, können wir genau so mit α und β ausführen; wir erhalten mithin als Schlußergebnis

X. $2r = \dfrac{a}{\sin \alpha} = \dfrac{b}{\sin \beta} = \dfrac{c}{\sin \delta}.$

Damit haben wir aber den letzten Punkt unsrer am Schluß von § 7 gestellten Aufgabe erledigt; wir sehen jetzt, welche Bedeutung die dort abgeleitete Gleichung (5) hat.

Es ergibt sich der Satz:

X. Dividiert man eine Seite durch den Sinus ihres Gegenwinkels, so erhält man den Durchmesser des Umkreises.

Aufgabe 1. Ein Dreieck mit den Winkeln $\alpha = 59^0$ und $\beta = 47^0$ soll einem Kreis mit Radius 4,8 cm eingeschrieben sein; wie groß sind die Seiten?

Auflösung. Nachdem man $\gamma = 180^0 - (\alpha + \beta)$ berechnet hat, folgert man aus X. die Gleichungen

$$a = 2r \sin \alpha, \quad b = 2r \sin \beta, \quad c = 2r \sin \gamma.$$

r	4,8 cm	sin	$9{,}6 \cdot 0{,}86$	$9{,}6 \cdot 0{,}73$	$9{,}6 \cdot 0{,}96$
α	59^0	0,86	7,68	6,72	8,64
β	47^0	0,73	58	29	58
γ	74^0	0,96	8,26	7,01	9,22
a	8,3 cm				
b	7,0 cm				
c	9,2 cm				

Aufgabe. Berechne die Seiten aus $\alpha = 92^0$, $\beta = 35^0$, $r = 2,3$ cm.

Bestätige die Rechnungen an einer nach der Ähnlichkeitsmethode ausgeführten Zeichnung.

III. DER KOSINUS

§ 13. Das rechtwinklige Dreieck. Wir hatten in § 2 von einem spitzen Winkel α rechtwinklige Dreiecke abgeschnitten, die einander ähnlich waren:

$$ABC \sim AB'C' \sim AB''C'' \sim AB'''C''' \sim \ldots$$

und hatten von den konstanten Seitenverhältnissen das der Gegenkathete zur Hypotenuse herausgegriffen. Wir wollen jetzt ein andres Seitenverhältnis betrachten; es ist ja z. B. auch

$$AC : AB = AC' : AB' = AC'' : AB'' = AC''' : AB''' = \ldots,$$

d. h. auch *das Verhältnis der Ankathete zur Hypotenuse* hat in allen diesen von α abgeschnittenen rechtwinkligen Dreiecken denselben Wert. Man sieht sofort, daß dieser Quotient $\frac{AC}{AB}$ nichts andres ist, als der Sinus von $\beta = 90^0 - \alpha$, dem Komplementwinkel von α. Man bezeichnet ihn daher als *complementi sinus* (auf Deutsch Sinus des Komplements) und kürzt diesen langen Ausdruck ab durch **Kosinus von α**, kurz geschrieben **cos α**, sodaß man also die Definition hat

$$\cos \alpha = \sin(90^0 - \alpha) = \frac{AC}{AB} = \frac{AC'}{AB'} = \cdots$$

oder in Worten:

XI. Der Kosinus eines spitzen Winkels ist das Verhältnis (der Quotient) der Ankathete zur Hypotenuse in einem beliebig von dem Winkel abgeschnittenen rechtwinkligen Dreieck.

Dieser Definition können wir sogleich noch eine etwas andere Form geben, die für viele Zwecke geeigneter ist.

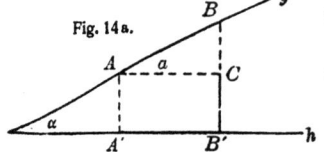

Fig. 14a.

Zwei Gerade g und h mögen sich unter dem spitzen Winkel α schneiden; wir nehmen auf der Geraden g eine Strecke AB an und fällen die Lote AA' und BB' auf die andere Gerade h. Dann nennt man $A'B'$ die *Projektion von AB auf h*. Ziehen wir jetzt durch A die Parallele AC zu h bis zum Schnittpunkt C mit BB', so ist im Dreieck

§ 13. Das rechtwinklige Dreieck

ABC der Winkel bei A gleich α, $AC = A'B'$ ist die Ankathete und AB die Hypotenuse. Es ist daher

$$\cos \alpha = \frac{AC}{AB} = \frac{A'B'}{AB} \tag{1}$$

und ferner

$$A'B' = AB \cdot \cos \alpha, \quad AB = A'B' : \cos \alpha. \tag{2}$$

In Worten heißt das:

1. *Projiziert man bei einem spitzen Winkel eine beliebige Strecke eines Schenkels auf den anderen Schenkel, so ist der Quotient der Projektion durch die Strecke von der Größe und Lage der Strecke auf dem Schenkel unabhängig und heißt der Kosinus des spitzen Winkels.*
2. *Die Projektion einer Strecke auf eine andere Gerade erhält man, wenn man die Strecke mit dem Kosinus des Winkels der beiden Geraden multipliziert. Die Strecke erhält man, indem man die Projektion durch den Kosinus des Neigungswinkels dividiert.*

Betrachten wir das rechtwinklige Dreieck ABC und nennen die Seiten wie üblich a, b, c, so ist $\cos \alpha = \frac{b}{c}$ und

$$\text{XII. } b = c \cdot \cos \alpha, \quad \text{XIII. } c = \frac{b}{\cos \alpha}.$$

Diese beiden Gleichungen lauten in Worten:

XII. Eine Kathete ist gleich dem Produkt aus der Hypotenuse und dem Kosinus des Anwinkels der Kathete.

XIII. Die Hypotenuse ist gleich dem Quotienten aus einer Kathete und dem Kosinus des Anwinkels der Kathete.

Diese Sätze entsprechen den Sätzen VI und VII (S. 14) für den Sinus.

Aufgabe. Vom Scheitel eines rechten Winkels geht eine Strecke s aus, die mit dem einen Schenkel den Winkel α bildet. Wie groß sind ihre Projektionen s' und s'' auf die beiden Schenkel?

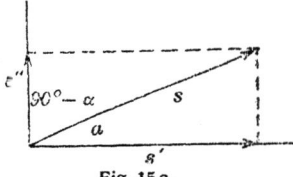

Fig. 15a.

Auflösung: Man erkennt sofort, daß $s' = s \cdot \cos \alpha$ ist. Für s'' ergibt sich der Wert $s'' = s \cdot \cos(90° - \alpha) = s \cdot \sin \alpha$. Die beiden Projektionen sind also $s \cdot \cos \alpha$ und $s \cdot \sin \alpha$.

§ 14. Die Kosinustafel und deren Verwendung.

Da $\cos \alpha = \sin(90^0 - \alpha)$, so ist z. B. $\cos 10^0 = \sin 80^0$ usw; wir können also unsere Sinustafel dadurch zu einer Kosinustafel umwandeln, daß wir sie gewissermaßen rückläufig betrachten, indem wir rechts die Winkel von unten nach oben laufen lassen. So erhalten wir die nebenstehende Anordnung. Ganz ähnlich ist die von Grad zu Grad ausgerechnete Tafel im Anhang eingerichtet.

Grad	Sinus	
0	0,00	90
10	0,17	80
20	0,34	70
30	0,50	60
40	0,64	50
50	0,77	40
60	0,87	30
70	0,94	20
80	0,98	10
90	1,00	0
	Kosinus	Grad

Wir erkennen, daß der *Kosinus eine abnehmende Funktion* ist, wogegen der *Sinus eine zunehmende Funktion* ist. Danach hat man sich bei der Interpolation zu richten. Wir berechnen z. B. $\cos 53^0$, indem wir von $\cos 50^0 \approx 0,64$ den Betrag $1,4 \cdot 3 \approx 4$ Hundertel *subtrahieren* und dadurch $\cos 53^0 \approx 0,60$ erhalten.

Will man umgekehrt den Winkel berechnen, dessen Kosinus etwa 0,56 ist, so nehmen wir den Winkel 50^0 des nächst größeren Kosinus, $\cos 50^0 \approx 0,64$, rechnen nun $10 \cdot 8 : 14 \approx 6$ und bekommen somit den Winkel 56^0. In der ausgerechneten Tabelle des Anhangs finden wir unmittelbar für die Zahl 0,56 an der rechten Seite die Zehner 5 und unten die Einer 6 des Winkels 56^0.

Aufgaben: Berechne die folgenden Kosinus aus obiger Tabelle und prüfe die Zahlen an der Tabelle des Anhangs: $\cos 47^0$, $\cos 76^0$, $\cos 34^0$, $\cos 58^0$, $\cos 14^0$, $\cos 83^0$, $\cos 7^0$.

Berechne und prüfe die Winkel, deren Kosinus sind: 0,21; 0,97; 0,42; 0,62; 0,93; 0,45; 0,23; 0,79.

Merke insbesondere folgende Werte:

$$\cos 0^0 = \sin 90^0 = 1,$$
$$\cos 30^0 = \sin 60^0 = \tfrac{1}{2}\sqrt{3},$$
$$\cos 45^0 = \sin 45^0 = \tfrac{1}{2}\sqrt{2},$$
$$\cos 60^0 = \sin 30^0 = \tfrac{1}{2},$$
$$\cos 90^0 = \sin 0^0 = 0.$$

Aufgabe. Wie groß ist der Winkel φ zweier Geraden *g*

§ 15. Die Beziehung zwischen Sinus u. Kosinus eines Winkels

und h, wenn die Projektion s' einer Strecke s von g auf h um ein Drittel kleiner ist als die Strecke s?

Auflösung. Da $s' = \frac{2}{3} s$ ist, so folgt für den Winkel φ die Gleichung

$$\cos \varphi = \tfrac{2}{3} \approx 0{,}67,$$

also ist $\varphi \approx 48^0$.

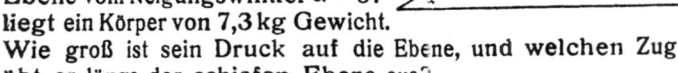

Fig. 16.

Aufgabe. Auf einer schiefen Ebene vom Neigungswinkel $\alpha = 37^0$ liegt ein Körper von 7,3 kg Gewicht. Wie groß ist sein Druck auf die Ebene, und welchen Zug übt er längs der schiefen Ebene aus?

Die beiden Kräfte sind:

Druck = 7,3 kg · cos α ≈ 7,3 kg · 0,80 = 5,84 kg.

Zug = 7,3 kg · sin α ≈ 7,3 kg · 0,60 = 4,38 kg.

§ 15. Die Beziehung zwischen Sinus und Kosinus eines Winkels.

Vorbemerkung. Man schreibt statt $(\sin \alpha)^2$ und $(\cos \alpha)^2$ stets $\sin^2 \alpha$ und $\cos^2 \alpha$ und liest dies Sinus Quadrat α und Kosinus Quadrat α.

Dividieren wir die beiden Seiten der Gleichung des P. L. $a^2 + b^2 = c^2$ durch c^2, so erhalten wir

$$\frac{a^2}{c^2} + \frac{b^2}{c^2} = 1 \quad \text{oder} \quad \left(\frac{a}{c}\right)^2 + \left(\frac{b}{c}\right)^2 = 1.$$

Da nun $a : c = \sin \alpha$ und $b : c = \cos \alpha$ ist, so können wir den *P. L. in trigonometrischer Form* schreiben

$$\text{XIV. } \sin^2 \alpha + \cos^2 \alpha = 1,$$

woraus folgt

$$\cos \alpha = \sqrt{1 - \sin^2 \alpha},$$
$$\sin \alpha = \sqrt{1 - \cos^2 \alpha},$$

Gleichungen, die zunächst nur für spitze Winkel gelten. Wir sind dadurch in den Stand gesetzt, ohne Zuhilfenahme einer Sinustafel zu einem gegebenen Sinus den Kosinus zu berechnen und umgekehrt.

Aufgabe. Gegeben ist $\sin \alpha = 0{,}81$, wie groß ist $\cos \alpha$?

Auflösung. Es ist $\sin^2 \alpha = 0{,}81^2 \approx 0{,}64$

```
            16      2
                  ─────
                  0,66,
```

also ist
$$\cos\alpha \approx \sqrt{1-0{,}66} = \sqrt{0{,}34} \approx \frac{0{,}58}{10}$$
$$\frac{25}{9}$$

Prüfen wir das Ergebnis an der Sinustafel, so finden wir $0{,}81 \approx \sin 54^0$ und $\cos 54^0 \approx 0{,}58$.

Weitere Aufgaben. Berechne den Kosinus zu folgenden Sinuswerten:
0,85; 0,44; 0,37; 0,71; 0,996; 0,36.

Berechne den Sinus zu folgenden Kosinuswerten:
0,83; 0,59; 0,41; 0,112; 0,90; 0,37.

Prüfe die Ergebnisse an der Sinustafel.

Man kann aber die Sinustafel noch zu einem ganz anderen Zwecke rein arithmetischer Art benutzen: um gewisse Quadratwurzeln leicht zu berechnen. Soll z. B. $\sqrt{1-0{,}72^2}$ ermittelt werden, so fassen wir 0,72 als den Sinus eines Winkels auf; die Tafel gibt uns sofort $0{,}72 \approx \sin 46^0$. Dann ist der gesuchte Ausdruck $\sqrt{1-\sin^2 46^0} = \cos 44^0 \approx 0{,}69$.

Aufgabe. Berechne auf dieselbe Weise
$\sqrt{1-0{,}91^2}$, $\sqrt{1-0{,}42^2}$, $\sqrt{1-0{,}89^2}$, $\sqrt{1-0{,}36^2}$.

Sind p und q zwei Zahlen, von denen p die größere sei ($p > q$), so kann man $\sqrt{p^2-q^2} = p\sqrt{1-\left(\frac{p}{q}\right)^2}$ in ähnlicher Weise berechnen, doch sei hierauf nicht näher eingegangen.

§ 16. Das beliebige Dreieck. Der Kosinus stumpfer Winkel.
In einem Dreieck ABC sei β spitz; fällen wir von C die Höhe CD auf AB, so haben wir zwei Fälle zu unterscheiden:

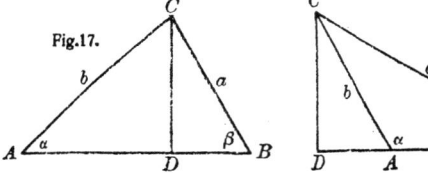

Fig. 17. Fig. 18.

je nachdem das Dreieck bei A einen spitzen oder stumpfen Winkel hat, liegt D zwischen A und B oder außerhalb der Strecke AB, wir haben demnach im Falle der Fig. 17: $BD + DA = c$ und im Falle der Fig. 18: $BD - DA = c$. Da nun

§ 16. Das beliebige Dreieck. Der Kosinus stumpfer Winkel 33

AD und BD die Projektionen von b und a auf c sind, so erhält man die Gleichungen

für Fig. 17 $\quad a \cos \beta + b \cos \alpha = c$,
für Fig. 18 $\quad a \cos \beta - b \cos (180° - \alpha) = c$.

Wir erinnern uns jetzt des in § 8 Gesagten[1]) und verlangen auch hier, daß ein und dieselbe Formel für beide Fälle gelten soll. Dann müssen wir offenbar festsetzen:

XV. $\cos (180° - \alpha) = -\cos \alpha$,

in Worten:
XV. Der Kosinus eines stumpfen Winkels ist gleich dem negativen Kosinus seines (spitzen) Supplements.

So ist z. B. $\quad \cos 117° = -\cos 63° \approx -0{,}45$,
$\cos 98° = -\cos 82° \approx -0{,}139$, $\cos 156° = -\cos 24° \approx -0{,}91$.

Die Beziehung, daß der Kosinus eines spitzen Winkels gleich dem Sinus seines Komplements ist, erlaubt uns noch eine andre Berechnung. Wenn α stumpf ist, so ist sein Supplement $180° - \alpha$ spitz und das Komplement dieses spitzen Winkels ist $90° - (180° - \alpha) = \alpha - 90°$, wie auch aus Fig. 19 unmittelbar zu ersehen ist. Demnach ist also

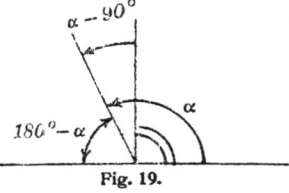

Fig. 19.

$$\cos \alpha = -\cos (180° - \alpha) = -\sin (\alpha - 90°),$$

und ebenso findet man

$$\sin \alpha = +\sin (180° - \alpha) = +\cos (\alpha - 90°),$$

in Worten:
XVI. Der Sinus eines stumpfen Winkels ist gleich dem Kosinus seines Überschusses über 90°.
Der Kosinus eines stumpfen Winkels ist gleich dem negativen Sinus seines Überschusses über 90°.

Der Überschuß eines stumpfen Winkels über 90° ist meist bequemer zu berechnen als das Supplement — besonders

---

[1]) Der Leser möge jenen Paragraphen nochmals sorgfältig durchnehmen.

dann, wenn etwa außer Graden noch Minuten und Sekunden gegeben sind, was allerdings für uns nicht in Frage kommt.

Nach dieser Festsetzung können wir sofort die für alle Dreiecke geltenden drei Gleichungen aufschreiben, die man als den **Projektionssatz** bezeichnet:

$$a \cos \beta + b \cos \alpha = c,$$
$$b \cos \gamma + c \cos \beta = a,$$
$$c \cos \alpha + a \cos \gamma = b.$$

Diese Gleichungen können für manche Zwecke angebracht sein, zur Dreiecksberechnung aber sind sie ungeeignet, da jede von ihnen *fünf* Bestimmungsstücke des Dreiecks enthält. Wir hatten aber schon früher[1]) festgestellt, daß wir nur solche Beziehungen zur Dreiecksberechnung brauchen können, die zwischen vier Stücken eines Dreiecks bestehen.

§ 17. Der Kosinussatz. Um zu einer brauchbaren Formel zu gelangen, multiplizieren wir die letzten drei Gleichungen der Reihe nach mit c, a, b und erhalten dadurch

$$ac \cos \beta + bc \cos \alpha = c^2$$
$$ab \cos \gamma + ac \cos \beta = a^2$$
$$bc \cos \alpha + ab \cos \gamma = b^2$$

Wir haben dadurch erreicht, daß auf den linken Seiten nur drei verschiedene Glieder, jedes zweimal, auftreten; $ac \cos \beta$ kommt in der ersten und zweiten Gleichung vor, $bc \cos \alpha$ in der ersten und dritten, $ab \cos \gamma$ in der zweiten und dritten. Wir wollen nun die beiden letzten Gleichungen addieren und die erste Gleichung davon abziehen, dann heben sich die Ausdrücke $ac \cos \beta$ und $bc \cos \alpha$ weg und wir erhalten:

(1) $\qquad 2ab \cos \gamma = a^2 + b^2 - c^2.$

Wir haben unser Ziel erreicht, hier ist eine Gleichung zwischen vier Bestimmungsstücken des Dreiecks. Da sowohl c^2 als auch $\cos \gamma$ nur in einem Gliede vorkommen, so werden wir aus Gleichung (1) sofort zwei neue Gleichungen ableiten, indem wir nach c^2 und nach $\cos \gamma$ auflösen:

XVII. $\quad c^2 = a^2 + b^2 - 2ab \cos \gamma$
$$\cos \gamma = \frac{a^2 + b^2 - c^2}{2ab}.$$

---

1) Wo war das?

§ 17. Der Kosinussatz

Diese beiden Gleichungen faßt man zusammen unter dem Namen **Kosinussatz**. Die erste dieser Gleichungen erlaubt eine Seite des Dreiecks zu berechnen, wenn die beiden anderen Seiten und der von ihnen eingeschlossene Winkel gegeben sind; die zweite Gleichung gestattet einen Winkel zu berechnen, wenn die drei Seiten gegeben sind.

Fassen wir die erste der Gleichungen in Worte, so lautet der **Kosinussatz für eine Seite**:

XVIIa. Das Quadrat einer Seite ist gleich der Summe der Quadrate der beiden anderen Seiten vermindert um das doppelte Produkt dieser Seiten mit dem Kosinus des eingeschlossenen Winkels.

Da man offenbar diesen Satz für jede Seite des Dreiecks aufstellen kann, so ergeben sich die drei Formeln

$$a^2 = b^2 + c^2 - 2bc \cos \alpha$$
$$b^2 = c^2 + a^2 - 2ac \cos \beta$$
$$c^2 = a^2 + b^2 - 2ab \cos \gamma.$$

Nehmen wir etwa an, daß $\gamma = 90^0$ wäre, so würde $\cos \gamma = 0$ sein und die dritte Gleichung lautete dann einfach $a^2 + b^2 = c^2$, wir hätten die Gleichung des P. L. Daher nennt man den Kosinussatz auch den *verallgemeinerten Pythagoreischen Lehrsatz*.

Die zweite der Gleichungen XVII, der **Kosinussatz für einen Winkel** besagt:

XVIIb. Der Kosinus eines Winkels ist gleich dem Quotienten, dessen Zähler die Summe der Quadrate der beiden einschließenden Seiten vermindert um das Quadrat der Gegenseite und dessen Nenner das doppelte Produkt der beiden den Winkel einschließenden Seiten ist.

Auch hier haben wir drei Gleichungen:

$$\cos \alpha = \frac{-a^2 + b^2 + c^2}{2bc}$$
$$\cos \beta = \frac{a^2 - b^2 + c^2}{2ac}$$
$$\cos \gamma = \frac{a^2 + b^2 - c^2}{2ab}.$$

Betrachten wir die Brüche auf der rechten Seite, so ent-

III. Der Kosinus

halten die Zähler die drei Seitenquadrate, von denen eines das negative Vorzeichen hat; der Nenner ist jedesmal das doppelte Produkt der beiden Seiten, die im Zähler positiv sind; der Bruch ist der Kosinus des Winkels, dessen Gegenseite im Zähler im Quadrat negativ steht, die also im Nenner nicht vorkommt.

Wir gehen nun zur Anwendung dieser Sätze über.

§ 18. Zwei Seiten und der eingeschlossene Winkel.

Wir wollen jetzt die in der Überschrift angegebene Dreiecksaufgabe zur vollständigen Lösung bringen und zwar zunächst *allgemein*, d. h. in Buchstaben.

Gegeben sind a, b, γ; gesucht sind c, α, β.

Die Seite c wird uns durch den Kosinussatz geliefert, es ist

$$c = \sqrt{a^2 + b^2 - 2ab \cos \gamma}.$$

Dann hat man aber zwei Gegenstücke c und γ, kann also den Sinussatz anwenden:

$$\sin \alpha = \frac{a \sin \gamma}{c}, \; \sin \beta = \frac{b \sin \gamma}{c};$$

endlich hat man als Prüfung für die Genauigkeit der Rechnung die Beziehung $\alpha + \beta + \gamma = 180^0$.

Beispiel 1: Gegeben $a = 5{,}2$ cm, $b = 3{,}9$ cm, $\gamma = 55^0$.

a	5,2 cm	$5{,}2^2 = 25{,}..$		$3{,}9^2 = 9{,}..$
b	3,9 cm	10		6 $\quad$ 6 21
γ	55^0	(a^2) $\dfrac{2\ 04}{27{,}04}$		(b^2) $\dfrac{6\ 21}{15{,}21}$
c	4,4 cm	$2ab = 3{,}9 \cdot 10{,}4$	$2ab \cos \gamma \approx$	$0{,}5\overset{\text{!}}{7} \cdot 40{,}56$
α	82^0	39,0		22,80
β	48^0	1,56		29
$\alpha + \beta + \gamma$	185^0	$\overline{40{,}56}$		$\dfrac{3}{23{,}12}$

$27{,}04$
$+ 15{,}21$
$- 23{,}12$
$c \approx \sqrt{19{,}13} \approx 4{,}37 \qquad\qquad \sin \gamma : c \approx 0{,}82 : 4{,}\overset{\text{!}}{4} \approx 0{,}19$
$\phantom{c \approx \sqrt{19}}313 \quad 8\overset{\text{!}}{6} \qquad\qquad\qquad\qquad 44$
$\phantom{c \approx \sqrt{19}}249 \qquad\qquad\qquad\qquad\qquad\quad \overline{38}$
$\phantom{c \approx \sqrt{19}}\overline{64}$

$\qquad\quad \sin \alpha \approx 5{,}\overset{\text{!}}{2} \cdot 0{,}19 \qquad\qquad\qquad \sin \beta \approx 3{,}\overset{\text{!}}{9} \cdot 0{,}19$
$\qquad\qquad\quad\;\, 47 \qquad\qquad\qquad\qquad\qquad\quad 35$
$\qquad\qquad\; \overline{0{,}99} \qquad\qquad\qquad\qquad\qquad \overline{0{,}74}$

§ 18. Zwei Seiten und der eingeschlossene Winkel

Der Fehler ist beträchtlich, weil wir mit dem Winkel α in die Nähe von 90^0 gekommen sind, was bei der ohnehin bestehenden Unsicherheit der letzten Stelle besonders unangenehm ist.

Beispiel 2: $a = 24$ cm, $c = 28$ cm, $\beta = 42^0$.

```
a │ 24 cm        a² = 24² =   576      2ac cos β ≈ 0,74·1344
c │ 28 cm        c² = 28² =   784                      222
β │ 42°      −2ac cos β ≈ − 995                         30
  │                                                      3
b │ 19 cm         b ≈ √365 ≈ 19,1                      995
α │ 57°
γ │ 80°                   sin β : b ≈ 0,67 : 19,1 ≈ 0,035
α+β+γ │ 179°                            10
```

$\sin\alpha \approx 24 \cdot 0{,}035$ $\sin\gamma \approx 28 \cdot 0{,}035$

```
   0,72                            0,84
   12                              14
   ────                            ────
   0,84                            0,98
```

Beispiel 3: $b = 0{,}82$ cm, $c = 0{,}73$ cm, $\alpha = 113^0$.

```
b │ 0,82 m     b² = 0,82² = 0,6724   2bc cos α ≈ − 0,39·1,197
c │ 0,73 m     c² = 0,73² = 0,5329                        4
α │ 113°    −2bc cos α ≈ +0,47                            4
  │                                                  − 0,47
a │ 1,30 m        c ≈ √1,68 ≈ 1,30
β │ 36°
γ │ 31°
α+β+γ │ 180°
```

$$\sin\alpha : a \approx 0{,}92 : 1{,}30 \approx 0{,}71$$
$$91$$
$$\overline{1}$$

$\sin\beta \approx 0{,}82 \cdot 0{,}71$ $\sin\gamma \approx 0{,}73 \cdot 0{,}71$

```
   0,574                           0,511
       8                               7
   ─────                           ─────
   0,58                            0,52
```

Beispiel 4: $a = 4{,}1$ cm, $b = 6{,}4$ cm, $\gamma = 31^0$.

```
a │ 4,1 cm       a² = 4,1² = 16,81   2ab cos γ ≈ 0,86·52,48
b │ 6,4 cm       b² = 6,4² = 40,96                    43,0
γ │ 31°       −2ab cos γ ≈ −45,12                     1 72
  │                                                     34
c │ 3,6 cm        c ≈ √12,65 ≈ 3,56                      6
α │ 36°                                              ──────
β │ 113°       sin γ : c ≈ 0,51 : 3,56 ≈ 0,143        45,12
α+β+γ │ 180°                36
                            15
                            14
                            ──
                             1
```

III. Der Kosinus

$$\sin\alpha \approx 4{,}1 \cdot 0{,}143 \qquad\qquad \sin\beta \approx 6{,}4 \cdot 0{,}143$$

```
   0,41              0,64
  16                26
   1                 2
  ----              ----
  0,58              0,92
```

Hier muß man offenbar für β den *stumpfen* Winkel 113^0 nehmen; es ist ja $\sin 113^0 = \sin 67^0$ und b ist größer als a, folglich muß auch β größer als α sein! Es kann also kein Zweifel walten, daß α spitz sein muß.[1]

Weitere Aufgaben.

5.	a	6,3 cm	6.	a	7,5 cm	7.	b	13 cm
	b	5,7 cm		c	5,7 cm		c	14 cm
	γ	26^0		β	42^0		α	51^0

Anmerkung. Namentlich in den Fällen, wo der Fehler bei der Summe $\alpha + \beta + \gamma$ beträchtlich ist, empfiehlt es sich zur Prüfung der Werte das Dreieck zu zeichnen, indem man den Winkel mit Hilfe des Sinus in der früher angegebenen Weise anträgt, oder sich dazu des Kosinus bedient. Die Seiten kann man nötigenfalls proportional verändern. Wir wollen das sofort für das erste Beispiel ausführen. (Die Fig. 20 ist verkleinert.) Auf einer Geraden machen wir

$$CB = a = 5{,}2 \text{ cm} \quad \text{und} \quad CD = 10 \cdot \cos\gamma \approx 5{,}7 \text{ cm},$$

errichten in D das Lot auf CD und schlagen mit 10 cm Radius um C einen Kreisbogen, der das Lot in E trifft. Verbinden wir C mit E, so ist $\sphericalangle DCE \approx 55^0$. Auf CE machen wir $CA = b = 3{,}9$ cm und verbinden A mit B. Die Messung ergibt, genau wie die Rechnung, $AB = c \approx 4{,}4$ cm. Nun macht man auf AB (von A aus über B) $AG = 10$ cm und von B aus (über A) $BF = 10$ cm, fällt die Lote FF' auf BC und GG' auf AC. Dann ist $FF' = 10 \cdot \sin\beta$ und $GG' = 10 \cdot \sin\alpha$.

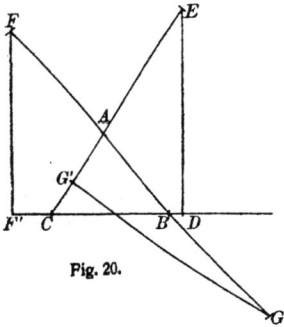

Fig. 20.

Die Messung ergibt $\sin\beta \approx 0{,}73$, $\sin\alpha \approx 0{,}98$. Wir erhalten also $\beta = 47^0$; daraus ergibt sich $180^0 - (\beta + \gamma) = \alpha \approx 78^0$ und in der Tat ist $\sin 78^0 \approx 0{,}98$!

---

[1] Der Leser bemerkt wohl, daß das Dreieck dem von Aufgabe 3 ähnlich ist!

§ 19. Die drei Seiten

Führe die Zeichnung auch für die anderen Aufgaben aus!

Aufgabe 8. Von einem Parallelogramm sind die Seiten $a = 13$ cm, $b = 11$ cm und ein Winkel $\alpha = 63°$ gegeben. Wie groß sind die Diagonalen?

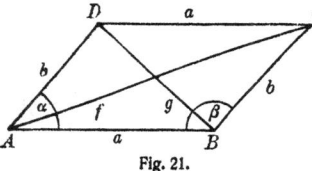

Fig. 21.

Auflösung. Im Dreieck ABD liegt die Diagonale $BD = g$ dem Winkel α gegenüber; im Dreieck ABC liegt die Diagonale $AC = f$ dem Winkel $\beta = 180° - \alpha$ gegenüber. Es ist mithin[1]
$$g^2 = a^2 + b^2 - 2ab \cos \alpha,$$
$$f^2 = a^2 + b^2 + 2ab \cos \alpha.$$

Ausrechnung. $a^2 + b^2 = 169 + 121 = 290$,
$$2ab \cos \alpha \approx 286 \cdot 0{,}45 \approx 129,$$
$$g \approx \sqrt{161} \approx 12{,}7; \quad f \approx \sqrt{419} \approx 20{,}5.$$

Die Diagonalen sind 12,7 cm und 20,5 cm lang, was durch Zeichnung leicht bestätigt werden kann.

Aufgabe 9. Zwei Kräfte von 3,4 kg und 2,9 kg wirken an einem Punkte; ihre Richtungen bilden einen Winkel von 43°. Wie groß ist ihre Resultante und welchen Winkel bildet sie mit der ersten Kraft?

Aufgabe 10. Berechne den Flächeninhalt F des Dreiecks ABC aus a, b, γ.

Auflösung. Es ist $F = \tfrac{1}{2} a h_a$,
$h_a = b \sin \gamma$, also

XVIII. $F = \tfrac{1}{2} ab \sin \gamma$.

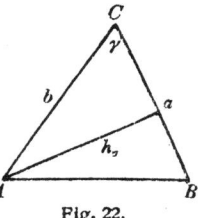

Fig. 22.

XVIII. Der Flächeninhalt eines Dreiecks ist das halbe Produkt zweier Seiten mit dem Sinus des eingeschlossenen Winkels.

Weitere Aufgaben. Berechne F für die oben gegebenen Dreiecke.

§ 19. Die drei Seiten. Wenn die drei Seiten eines Dreiecks gegeben sind, so liefert die zweite Form des Kosinus-

---

[1] Durch Addition der beiden Gleichungen ergibt sich die Beziehung $f^2 + g^2 = 2(a^2 + b^2)$.

satzes die drei Winkel. Die Formeln für den allgemeinen Fall liegen bereits vor, wir können also sogleich zu Zahlenbeispielen übergehen.

Aufgabe 1. $a = 17$ cm, $b = 13$ cm, $c = 16$ cm.

a	17
b	13
c	16
α	71°
β	46°
γ	63°
$\alpha+\beta+\gamma$	180°

$$\cos\alpha = 136 : 416 \approx 0{,}32_8$$

a^2	289	
b^2	169	
c^2	256	

125
$\overline{11}$
$\overline{3}$

$-a^2+b^2+c^2 \mid 136 \quad 2bc \mid 416$
$a^2-b^2+c^2 \mid 376 \quad 2ac \mid 544$
$a^2+b^2-c^2 \mid 202 \quad 2cb \mid 442$

$\cos\beta = 376 : 544 \approx 0{,}69$
326
$\overline{50}$

$\cos\gamma = 202 : 442 \approx 0{,}45_8$
177
$\overline{25}$
22
$\overline{3}$

Aufgabe 2. $a = 4$ cm, $b = 3$ cm, $c = 2$ cm.

a	4
b	3
c	2
α	105°
β	46°
γ	29°
$\alpha+\beta+\gamma$	180°

$$\cos\alpha = \frac{-16+9+4}{2\cdot 3\cdot 2} = -\frac{3}{2\cdot 3\cdot 2} = -\frac{1}{4} = -0{,}25$$

$$\cos\beta = \frac{16-9+4}{2\cdot 4\cdot 2} = \frac{11}{16} \approx 0{,}68_8$$

$$\cos\gamma = \frac{16+9-4}{2\cdot 4\cdot 3} = \frac{21}{2\cdot 4\cdot 3} = \frac{7}{8} = 0{,}875$$

Weitere Aufgaben.

	3.	4.	5.	6.	7.
a	6	5,1	3	9,3	8,2
b	7	7,3	4	7,5	6,3
c	8	10,0	5	6,8	14,5

Anmerkung. Bei einer dieser Aufgaben erhält man ein rechtwinkliges Dreieck, bei einer anderen überhaupt kein Dreieck.

IV. TANGENS UND KOTANGENS

§ 20. Die Definitionen. Wie wir in den vorigen Abschnitten gesehen haben, kann man mit dem Sinus und Kosinus alle vier Grundaufgaben der Dreieckslehre rechnerisch bewältigen. Da alle Figuren schließlich aus Dreiecken zusammengesetzt werden können, so beherrscht man bereits alle Möglichkeiten. Trotzdem hat es sich als zweckmäßig erwiesen, auch die anderen Seitenverhältnisse der von einem spitzen Winkel

§ 20. Die Definitionen

abgeschnittenen rechtwinkligen Dreiecke zu betrachten. Wir gehen wieder auf die alte Figur 3 zurück und nennen das Verhältnis

$$BC : AC = B'C' : A C' = B''C'' : AC'' = \cdots$$

den **Tangens des Winkels** α, geschrieben $\tan \alpha$[1]). Es ist also:

$$\tan \alpha = \frac{BC}{AC} = \frac{B'C'}{AC'} = \frac{B''C''}{AC''} = \frac{B'''C'''}{AC'''} = \cdots$$

oder in Worten:

XIX. **Der Tangens eines spitzen Winkels ist das Verhältnis (der Quotient) der Gegenkathete zur Ankathete in einem beliebig von dem Winkel abgeschnittenen rechtwinkligen Dreieck.**

Beachten wir, daß der Winkel bei B das Komplement von α, also $90^0 - \alpha$ ist, so sehen wir, daß

$$\text{XIX. } \tan(90^0 - \alpha) = \frac{AC}{BC} = \frac{1}{\tan \alpha}$$

ist. Diesen Ausdruck nennen wir als Funktion von α seinen **Kotangens**, geschrieben $\cot \alpha$[1]) — zusammengezogen aus *complementi tangens*.

Es ist demnach

$$\text{XX. } \cot \alpha = \frac{AC}{BC} = \frac{AC'}{B'C'} = \cdots = \frac{1}{\tan \alpha}.$$

Wir haben mithin die Definition:

XX. **Der Kotangens eines spitzen Winkels ist das Verhältnis (der Quotient) der Ankathete zur Gegenkathete in einem beliebig von dem Winkel abgeschnittenen rechtwinkligen Dreieck. Er ist das Reziprokum des Tangens.**

Wir stellen nun gleich noch den Zusammenhang zwischen den neuen und den früheren Winkelfunktionen her. Es ist doch $\frac{BC}{AC} = \frac{BC}{AB} \cdot \frac{AB}{AC} = \frac{BC}{AB} : \frac{AC}{AB} = \sin \alpha : \cos \alpha$, also

$$\text{XXI. } \tan \alpha = \frac{\sin \alpha}{\cos \alpha}, \quad \cot \alpha = \frac{\cos \alpha}{\sin \alpha}.$$

---

[1]) Man findet auch die Abkürzungen tg, tang; cotg, ctg.

Dehnen wir diese neue Definition auch auf einen stumpfen Winkel α aus, so ergibt sich

XXII. $\tan \alpha = \dfrac{\sin \alpha}{\cos \alpha} = \dfrac{\sin(180^0 - \alpha)}{-\cos(180^0 - \alpha)} = -\tan(180^0 - \alpha),$

$\cot \alpha = \dfrac{\cos \alpha}{\sin \alpha} = \dfrac{-\cos(180^0 - \alpha)}{\sin(180^0 - \alpha)} = -\cot(180^0 - \alpha).$

oder in Worten:

XXII. Der Tangens (Kotangens) eines stumpfen Winkels ist der negative Tangens (Kotangens) seines spitzen Supplements.

Es ist z. B. $\tan 100^0 = -\tan 80^0$, $\cot 136^0 = -\cot 44^0$. Benutzt man aber die Beziehungen $\sin \alpha = \cos(\alpha - 90^0)$ und $\cos \alpha = -\sin(\alpha - 90^0)$, die wir früher ableiteten, so erhält man ganz ebenso

XXIII. $\tan \alpha = -\cot(\alpha - 90^0)$, $\cos \alpha = -\tan(\alpha - 90^0)$,

in Worten:

XXIII. Der Tangens (Kotangens) eines stumpfen Winkels ist gleich dem negativen Kotangens (Tangens) seines Überschusses über 90⁰.

§ 21. Die Tangenstafel. Wir könnten nach Gleichung XXI aus dem Sinus und Kosinus eines Winkels seinen Tangens berechnen. Für einige besondere Winkel wollen wir dies auch sofort tun. Es ergibt sich[1])

$\tan 0^0 = \dfrac{\sin 0^0}{\cos 0^0} = \dfrac{0}{1} = 0 = \cot 90^0,$

$\tan 30^0 = \dfrac{\sin 30^0}{\cos 30^0} = \dfrac{\frac{1}{2}}{\frac{1}{2}\sqrt{3}} = \dfrac{1}{\sqrt{3}} = \dfrac{1}{3}\sqrt{3} = \cot 60^0,$

$\tan 45^0 = \dfrac{\sin 45^0}{\cos 45^0} = \dfrac{\frac{1}{2}\sqrt{2}}{\frac{1}{2}\sqrt{2}} = 1 = \cot 45^0,$

$\tan 60^0 = \dfrac{\sin 60^0}{\cos 60^0} = \dfrac{\frac{1}{2}\sqrt{3}}{\frac{1}{2}} = \sqrt{3} = \cot 30^0,$

$\tan 90^0 = \dfrac{\sin 90^0}{\cos 60^0} = \dfrac{1}{0} = \infty = \cot 0^0.$

Wir sehen schon daraus, daß die Werte von $\tan \alpha$ (und

---
[1]) Bestimme die Werte unmittelbar aus rechtwinkligen Dreiecken nach den Definitionen XIX und XX.

§ 21. Die Tangenstafel

cot α), wenn der Winkel α von 0° bis 90° wächst, alle positiven Zahlen von 0 bis ∞ (von ∞ bis 0) durchlaufen. Da nun für stumpfe Winkel die Werte negativ sind, so kann man sagen:

XXIV. Jede beliebige positive oder negative Zahl kann als Tangens oder als Kotangens eines spitzen oder stumpfen Winkels angesehen werden.

Um nun eine Tangenstafel herzustellen, gibt es eine bequemere Art der geometrischen Darstellung des Tangens, aus der wir unmittelbar die Zahlenwerte durch Messung erhalten. Wir schlagen, wie in Figur 7, einen Viertelkreis um O mit 10 cm Radius und zeichnen in T und R die Tangenten an den Kreis. Ziehen wir nun durch O eine Gerade, die den Winkel α mit

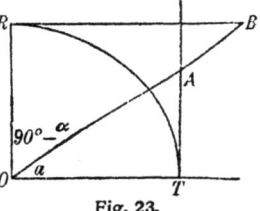

Fig. 23.

OT, demnach den Winkel $90° - α$ mit OR bildet, so ist

$$\tan α = \frac{AT}{OT} = \tfrac{1}{10} AT$$

$$\tan(90° - α) = \cot α = \frac{BR}{OR} = \tfrac{1}{10} BR,$$

wenn AT und BR die Maßzahlen der Tangentenabschnitte in cm bedeuten.

Teilt man demnach den Kreis, wie früher, in 10 zu 10 Grad, so kann man auf der Tangente TA in cm bis zu 70° noch bequem abmessen. Nur für 80° wird die Strecke zu groß, man muß dann tan 80° als Reziprokum von tan 10° (1 : 0,1763) berechnen. So erhält man die nebenstehende Tafel für Tangens und Kotangens.

Die Interpolation für die einzelnen Grade ist beim Tangens wie beim Sinus, beim Kotangens wie beim Kosinus. Für genauere Rechnungen ist im Anhang eine ausgerechnete Tafel für alle Grade gegeben.

Grad	tan	
0	0,00	90
10	0,18	80
20	0,36	70
30	0,58	60
40	0,84	50
50	1,19	40
60	1,73	30
70	2,75	20
80	5,67	10
90	∞	0
	cot	Grad

Aus dem Vergleich der Sinus- und Tangenstafeln sieht

man, daß diese beiden Funktionen auf drei Dezimalen bis zu 6^0, auf zwei Dezimalen bis zu 13^0 übereinstimmen.

§ 22. Anwendungen. Die erste Anwendung, die wir von der Tangenstafel machen, besteht im Zeichnen von Winkeln und in der Bestimmung der Größe gegebener Winkel. Wir verfahren dabei ähnlich wie mit dem Sinus. Soll an die Gerade g (Fig. 24) der Winkel $\alpha = 37^0$ angetragen werden, so mache man auf

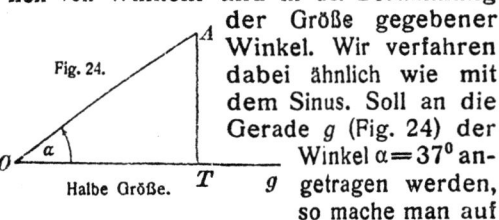

Fig. 24.

Halbe Größe.

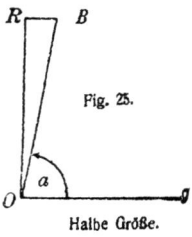

Fig. 25.

Halbe Größe.

g die Strecke $OT = 10$ cm, errichte in T das Lot und trage auf ihm $TA = 10$ cm $\cdot \tan 37^0 \approx 7{,}5$ cm an. Soll (Fig. 25) der Winkel $\alpha = 82^0$ angetragen werden, so errichtet man das Lot $OR = 10$ cm und macht auf der Parallelen durch R zu g die Strecke $RB = 10$ cm $\cdot \cot 82^0 \approx 1{,}4$ cm.

Ist der Winkel gezeichnet gegeben, so trägt man je nach der Größe 10 cm auf einem Schenkel oder senkrecht dazu auf und liest an dem dort errichteten Lot die Länge in cm ab, dividiert die Zahl durch 10 und sucht zu diesem Tangens oder Kotangens in der Tafel den Winkel auf.

Aufgaben. Zeichne die Winkel von 17^0, 63^0, 85^0, 104^0, 135^0, 169^0.

Zeichne die in § 17 und § 18 berechneten Dreiecke und bestimme die Größe der Winkel mit dieser Tangensmethode.

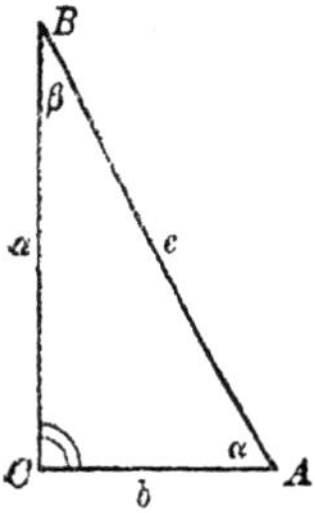

Die zweite Anwendung bezieht sich auf das rechtwinklige Dreieck. Im Dreieck ABC ist nach der Definition

$$\tan \alpha = \frac{a}{b}, \qquad \cot \alpha = \frac{b}{a},$$

daraus ergeben sich die Gleichungen:

XXIV. $\quad a = b \tan \alpha, \quad b = a \cot \alpha$

Fig. 26.

in Worten:

XXIV. Eine Kathete ist gleich dem Produkt aus der anderen Kathete mit dem Tangens des Gegenwinkels der ersten Kathete.

§ 22. Anwendungen

Eine Kathete ist gleich dem Produkt aus der anderen Kathete mit dem Kotangens des Anwinkels der ersten Kathete.

Vermöge der Definition des Tangens kann man aus den beiden Katheten eines rechtwinkligen Dreiecks unmittelbar die Winkel finden, braucht also nicht erst mit dem P. L. die Hypotenuse zu berechnen. Ist ein Winkel und eine Kathete gegeben, so findet man vermöge XXIV unmittelbar die andere Kathete.

Aufgabe 1. Ein rechtwinkliges Dreieck aus $a = 6{,}2$ cm, $b = 5{,}4$ cm zu berechnen.

Auflösung.

$$\tan \alpha = \frac{a}{b}, \quad \beta = 90^0 - \alpha \quad c = \frac{a}{\sin \alpha}$$

a 6,2	$6{,}2 : 5{,}4 \approx 1{,}16$	$6{,}2 : 0{,}75 \approx 8{,}3$
b 5,4	8	2
α 49⁰	3	
β 41⁰		
c 8,3		

Aufgabe 2. Ein rechtwinkliges Dreieck aus $a = 0{,}36$ cm und $\alpha = 34^0$ zu berechnen.

Auflösung.

$$\beta = 90^0 - \alpha, \quad b = a \cot \alpha, \quad c = \frac{a}{\sin \alpha}$$

a 0,36	$0{,}36 \cdot 1{,}48$	$0{,}36 : 0{,}56 \approx 0{,}64$
α 34⁰	14	2
β 56⁰	2	
b 0,52	0,52	
c 0,64		

Weitere Aufgaben. Berechne die rechtwinkligen Dreiecke aus

	3.	4.	5.	6.	7.		8.	9.	10.
a	5,3	0,26	93	3	12	a	7,8	0,59	71
b	7,2	0,23	81	4	5	α	23⁰	43⁰	62⁰

Führe dazu die Zeichnungen in geeignetem Maßstabe aus und prüfe die Ergebnisse durch Messung.

Aufgabe 11. Ein senkrecht auf ebenem Boden stehender Stab von 75 cm Höhe wirft in der Sonne einen Schatten von 83 cm Länge. Welchen Winkel bilden die Sonnenstrahlen mit der Horizontalen (wie hoch steht die Sonne)?

IV. Tangens und Kotangens

Die dritte Anwendung der Tangenstafel ist arithmetisch. Aus der Gleichung XX ersehen wir, daß tan α und cot α reziprok sind, die Tafel kann also dazu dienen, zu irgendeiner Zahl das Reziprokum zu bestimmen.

Aufgabe 12. Berechne $1 : 0{,}81$.

Auflösung. Wir entnehmen der Tafel $0{,}81 \approx \tan 39^0$ und suchen $\cot 39^0 \approx 1{,}23$ auf. Daher ist

$$1 : 0{,}81 \approx 1{,}23.$$

Weitere Aufgaben. Berechne die Reziproka von

$$0{,}27, \quad 0{,}51, \quad 1{,}15, \quad 2{,}75, \quad 4{,}33, \quad 9{,}51, \quad 19{,}08.$$

Steht die Zahl nicht genau in der Tafel, so muß man interpolieren, was natürlich nur mit beschränkter Genauigkeit möglich ist.

ANHANG

sin	0	1	2	3	4	5	6	7	8	9	10	
0	0,000	0,017	0,035	0,052	0,070	0,087	0,105	0,122	0,139	0,156	0,174	8
1	0,174	0,19	0,21	0,23	0,24	0,26	0,28	0,29	0,31	0,33	0,34	7
2	0,34	0,36	0,37	0,39	0,41	0,42	0,44	0,45	0,47	0,48	0,50	6
3	0,50	0,52	0,53	0,54	0,56	0,57	0,59	0,60	0,62	0,63	0,64	5
4	0,64	0,66	0,67	0,68	0,69	0,71	0,72	0,73	0,74	0,75	0,77	4
5	0,77	0,78	0,79	0,80	0,81	0,82	0,83	0,84	0,85	0,86	0,87	3
6	0,87	0,87	0,88	0,89	0,90	0,91	0,91	0,92	0,93	0,93	0,94	2
7	0,94	0,95	0,95	0,96	0,96	0,97	0,97	0,97	0,98	0,98	0,985	1
8	0,985	0,988	0,990	0,993	0,995	0,996	0,998	0,999	0,999	1,000	1,000	0
	10	9	8	7	6	5	4	3	2	1	0	cos

tan	0	1	2	3	4	5	6	7	8	9	10	
0	0,000	0,017	0,035	0,052	0,070	0,087	0,105	0,123	0,140	0,158	0,176	8
1	0,176	0,19	0,21	0,23	0,25	0,27	0,29	0,31	0,32	0,34	0,36	7
2	0,36	0,38	0,40	0,42	0,45	0,47	0,49	0,51	0,53	0,55	0,58	6
3	0,58	0,60	0,62	0,65	0,67	0,70	0,73	0,75	0,78	0,81	0,84	5
4	0,84	0,87	0,90	0,93	0,97	1,00	1,04	1,07	1,11	1,15	1,19	4
5	1,19	1,23	1,28	1,33	1,38	1,43	1,48	1,54	1,60	1,66	1,73	3
6	1,73	1,80	1,88	1,96	2,05	2,14	2,25	2,36	2,48	2,61	2,75	2
7	2,75	2,90	3,08	3,27	3,49	3,73	4,01	4,33	4,70	5,14	5,67	1
8	5,67	6,31	7,12	8,14	9,51	11,43	14,30	19,08	28,64	57,29	∞	0
	10	9	8	7	6	5	4	3	2	1	0	cot

Von Prof. Dr. A. Witting, Oberstudienrat am Gymnasium zum Heiligen Kreuz in Dresden, erschien ferner:

Einführung in die Infinitesimalrechnung.
Bd. I: Die Differentialrechnung 2. Aufl. Mit 1 Porträttafel, vielen Beispielen und Aufgaben und 33 Fig. i. Text [IV u. 52 S.] 8. 1920. Bd. II: Die Integralrechnung. 2. Aufl. Mit 1 Porträttafel, 35 Beispielen u. Aufgaben und mit 9 Figuren im Text. [50 S.] 8. 1921 (Math. Phys. Bibl. 9 u. 41.) Kart. je M. 5.—

„Eine methodisch ganz vorzügliche, ausführliche und klare Einführung, die in ihrer Eigenart den erfahrenen Schulmann verrät." **(Natur und Unterricht.)**

Abgekürzte Rechnung.
Nebst einer Einführung in die Rechnung mit Funktionstafeln insbesondere mit Logarithmen. [U. d. Pr. 21.]

Das Bändchen will den Anfänger mit den Methoden der „abgekürzten Rechnung" vertraut machen, die der Verfasser im Schulunterricht langjährig ausprobiert hat. Es gelangen zur Behandlung: die vier Grundrechnungsarten, Potenzen und Logarithmen, Funktionen, Funktionstafeln und Interpolation. Zahlreiche für den praktischen Gebrauch wertvolle Tabellen sind beigegeben, wie auch im übrigen die Bedürfnisse des praktischen Lebens besonders berücksichtigt worden sind.

In Verbindung mit Prof. Dr. M. Gebhardt, Dresden, erschien von demselben Verf.:

Beispiele zur Geschichte der Mathematik.
Ein mathematisch-historisches Lesebuch. Mit 1 Titelbild und 28 Fig. [VIII u. 61 S.] 8. 1913. (Math. Phys. Bibl. 15). Kart. M. 5.—

Das zum Selbststudium wie auch zur Verwendung in der Schule eingerichtete Büchlein bringt Proben aus mathematischen Originalwerken des Zeitraumes von etwa 1600 bis 1800 v. Chr unter Ausschaltung der Gleichungen 3ten und 4ten Grades und unter Vermeidung der Infinitesimalrechnung

Von Geh. Studienrat P. Crantz erschienen:

Ebene Trigonometrie zum Selbstunterricht.
3. Aufl. Mit 50 Fig. im Text. [98 S.] 8. 1920. (Bd. 431.) Kart. M. 6.80, geb. M. 8.80

Will in leicht verständlicher Weise mit den Grundlehren der Trigonometrie bekannt machen. Vollständig gelöste Aufgaben und praktische Anwendungen sind zur Erläuterung eingefügt.

Sphärische Trigonometrie zum Selbstunterricht.
Mit 27 Figuren im Text. [98 S] 8. 1920. (ANuG Bd. 605.) Kart. M. 6.80, geb. M. 8.80

Behandelt als Ergänzung zur „Ebenen Trigonometrie" die besonderen Eigenschaften des sphärischen Dreiecks und seine Anwendungen in der Erd- und Himmelskunde an zahlreichen ausführlich erklärten Beispielen und Aufgaben.

Aufgaben aus der Trigonometrie, der Stereometrie, der analytischen Geometrie und über größte und kleinste Werte.
2. Aufl. [IV u. 93 S.] gr. 8.· 1917. Kart. M. 5.40

„Die Aufgabensammlung enthält eine hübsche Zusammenstellung von einfacheren Aufgaben, deren Zahlenangaben so gewählt sind, daß sie einfache Ergebnisse liefern, wie sich der Besprecher vielfach überzeugt hat. Sie soll zunächst den Übungsstoff zu dem Lehrbuch des Verfassers liefern, kann aber auch bei Benutzung eines anderen Lehrbuches gute Dienste leisten." **(Zeitschrift für lateinlose höh. Schulen.)**

Analytische Geometrie der Ebene zum Selbstunterricht.
2. Aufl. Mit 55 Figuren im Text. [97 S.] 8. 1919. (ANuG Bd. 504.) Kart. M. 6.80, geb M. 8.80

Die für den Selbstunterricht bestimmte leicht verständliche Darstellung führt namentlich durch Beigabe zahlreicher ausführlich gelöster Aufgaben rasch zu völliger Beherrschung des Stoffes.

Verlag von B. G. Teubner in Leipzig und Berlin

Preisänderung vorbehalten.

Einführung in die darstellende Geometrie. Von Prof. *P. B. Fischer*, Berlin-Lichterfelde. Mit 59 Fig. i. T. [91 S.] 8. 1921. (ANuG Bd. 541.) Kart. M. 6.80, geb. M. 8.80

Der Verfasser behandelt die Grundlehren der darstellenden Geometrie an der Hand der wichtigsten Aufgaben, um so in erster Linie eine Anleitung für den Selbstunterricht zu bieten. Aus dem gleichen Grunde werden in der Einleitung Anweisungen für das praktische Zeichnen gegeben, wie auch die notwendige Raumanschauung dadurch gefördert wird, daß zunächst Projektionen auf nur einer Tafelebene in Betrachtung gezogen werden, wodurch das zweite Tafelverfahren dann um so leichter verständlich wird. Wenn die Darstellung sich auch auf das Wichtigste beschränkt, so reichen doch die 180 „Grundaufgaben" in alle Hauptgebiete der darstellenden Geometrie (Schatten, Durchdringungen, Axonometrie, Perspektive) hinein.

Darstellende Geometrie. Von Dr. *M. Großmann*, Prof. a. d. Eidgen. Techn. Hochsch. Zürich. I. Bd. Mit 134 Fig. [IV u. 84 S.] 8. 1921. (TL 2.) Kart. M. 12.—. II. Bd. 2. erw. Aufl. Mit 144 Fig. [VI u. 154 S.] 8. 1921. (TL 3.) Kart. M. 24.—

„Die Behandlung ist klar und recht ausführlich und wird durch vorzügliche Abbildungen unterstützt. Eine große Zahl von Aufgaben ermöglichen dem Leser das Durchgearbeitete tatsächlich anzuwenden. Das Werk wird nicht nur dem Studierenden nützlich sein, sondern auch dem Lehrer manch wertvolle Anregungen geben." **(Technische Mittelschule.)**

Elemente der Mathematik. Von *J. Tannery*, Prof. an der Univ. Paris. Mit einem geschichtlichen Anhang von *P. Tannery*. Autorisierte deutsche Ausgabe von Gymnasiallehrer Dr. *P. Klaeß* in Echternach. Mit einem Einführungswort von Geh. Reg.-Rat Dr. *F. Klein*, Prof. an der Universität Göttingen, und 184 Fig. [XII u. 339 S.] gr. 8. 1909. Geh. M. 21.—, geb. M. 24.—

In diesen Vorlesungen stellt der Verf. zunächst die allgemeinen Grundlagen in einer neuen Form dar, die sowohl zur Einführung in dieses Gebiet geeignet als auch für die weitere Forschung von heuristischem Werte ist. Es werden dann namentlich diejenigen Untersuchungen behandelt, die der Verf. im Anschluß an das Riemannsche Fragment zur Theorie der linearen Differentialgleichungen angestellt hat.

Elemente der Mathematik. Von Dr. *E. Borel*, Prof. an der Sorbonne zu Paris. In 2 Bdn. Dtsch. Ausg. besorgt von Geh. Hofrat Dr. *P. Stäckel*, weil. Prof. a. d. Univ. Heidelberg. I. Bd.: Arithmetik u. Algebra nebst d. Elementen d. Differentialrechnung. 2. Aufl. Mit 56 Textfig. u. 3 Taf. [XVI u. 404 S.] 8. 1918. Geh. M. 54.—, geb. M. 66.—. II. Bd.: Geometrie. Mit einer Einführung in die ebene Trigonometrie. 2. Aufl. M. 442 Fig. i. Text u. 2 Taf. & 1920. Geh. M. 48.—, geb. M 60.—

Grundlehren der Mathematik. Für Studierende u. Lehrer. In 2 Teilen. Mit vielen Fig. gr. 8. I. Teil: Die Grundlehren der Arithmetik u. Algebra. Bearb. von Geh. Hofrat Dr. *E. Netto*, weil. Prof. an der Univ. Gießen, und Dr. *C. Färber*, weil. Oberrealschulprof. in Berlin. 2 Bände. I. Band: Arithmetik. Von *C. Färber*. Mit 9 Fig. [XV u. 410 S.] 1911. Geb. M. 66.— II. Band: Algebra. Von *E. Netto*. [XII u. 232 S.] 1915. Geb. M. 54.—. II. Teil: Die Grundlehren der Geometrie. Bearb. von Geh. Reg.-Rat Dr. *W. Frz. Meyer*, Prof. an der Univ. Königsberg, und Realgymnasialdir. Prof. Dr. *H. Thieme*. 2 Bände. I. Band: Die Elemente der Geometrie. Bearb. von *H. Thieme*. Mit 323 Fig. [XII u. 394 S.] 1909. Geb. M. 66.—. II. Band. [In Vorb.]

Lehrbuch der Mathematik und Sammlung von Aufgaben. Z. Selbstunterr. u. für d. Vorbereitung auf d. Mittelschullehrerprüfung u. auf d. Reifeprüfung am Realgymnasium. Im Anschl. an die Baltin-Maiwaldsche Seminarausgabe des mathem. Unterrichtswerkes v. Prof *H. Müller*, weil. Gymnasialdir. in Berlin, bearb. v. Dr. *J. Plath*, Geh. Reg.- u. Schulrat in Lüneburg. Lehrbuch der Mathematik. Mit 184 (z. T. farb.) Fig. 3. Aufl. [VIII u. 294 S.] gr. 8. 1919. Geb. M. 24.— Sammlung von Aufgaben. 2. Aufl. [VIII u 296 S.] gr 8. 1911. Geb. M. 24.— Ergebnisse hierzu. [71 S.] gr. 8. 1920. Geh. M. 13.50

Verlag von B. G. Teubner in Leipzig und Berlin

Preisänderung vorbehalten.

MIX
Papier aus verantwortungsvollen Quellen
Paper from responsible sources
FSC® C105338

If you have any concerns about our products,
you can contact us on
ProductSafety@springernature.com

In case Publisher is established outside the EU,
the EU authorized representative is:
**Springer Nature Customer Service Center GmbH
Europaplatz 3, 69115 Heidelberg, Germany**

Printed by Libri Plureos GmbH
in Hamburg, Germany